马铃薯产品综合开发研究

吴　笛◎著

西南交通大学出版社
·成都·

图书在版编目（CIP）数据

马铃薯产品综合开发研究 / 吴笛著. —成都：西南交通大学出版社，2019.9

ISBN 978-7-5643-7171-5

Ⅰ. ①马… Ⅱ. ①吴… Ⅲ. ①马铃薯 – 食品加工 – 研究 Ⅳ. ①TS215

中国版本图书馆 CIP 数据核字（2019）第 218672 号

Malingshu Chanpin Zonghe Kaifa Yanjiu

马铃薯产品综合开发研究

吴 笛 著

责任编辑　张宝华
助理编辑　赵永铭
封面设计　原谋书装

出版发行　西南交通大学出版社
（四川省成都市金牛区二环路北一段 111 号
西南交通大学创新大厦 21 楼）
发行部电话　028-87600564　028-87600533
邮政编码　610031
网　　址　http://www.xnjdcbs.com
印　　刷　成都勤德印务有限公司
成品尺寸　170 mm×230 mm
印　　张　9.25
字　　数　166 千
版　　次　2019 年 9 月第 1 版
印　　次　2019 年 9 月第 1 次
书　　号　ISBN 978-7-5643-7171-5
定　　价　48.00 元

前　言

毫无疑问，借鉴国外的先进经验，实现马铃薯主粮化是应对我国不断增加的人口压力及满足人民对健康饮食追求的有效手段。而马铃薯深加工则是切实在中国将马铃薯由蔬菜转变为第四大主粮的技术保障。因此，近年来国内围绕马铃薯产品综合开发的研究层出不穷，成果颇丰。

自2014年四川马铃薯工程技术中心在西昌学院落地以来，我有幸成为“中心”一员，进行了有关马铃薯全粉、面制主食产品、马铃薯白酒等系列马铃薯深加工产品的工艺研究，并在加工工艺、产品质量稳定的前提下着手产品推广。在四川马铃薯工程技术中心进行马铃薯产品综合开发研究的经历让我深信，我国马铃薯主粮化战略目标必将在不久的将来全面实现。

出版《马铃薯产品综合开发研究》，是对自己五年来所进行研究工作的一个总结，归纳取得的成果，分析研究思路及方法的不足，驻足只为寻求新的出路。

本书在写作过程中参考和引用了一些文献资料的内容，得到了四川马铃薯工程技术中心陈金发教授的大力帮助，在此表示感谢！

由于作者水平有限，疏漏及不足之处在所难免，敬请读者批评指正。

吴　笛
2019年4月

目　录

第一章　马铃薯深加工

一直以来，马铃薯虽然受到广大消费者的喜爱，但是在中国，人们对其功能的认识很大程度上还停留在：马铃薯就是一种蔬菜。直到发现，在西方国家，马铃薯一直充当着主粮，不仅能解决温饱，而且在营养价值方面还体现出足够的优势，如富含膳食纤维，脂肪含量低，有利于控制体重，预防高血压、高胆固醇以及糖尿病等。面对我国日益严重的人口压力以及国民对健康生活的强烈需求，马铃薯主粮化越发体现出其重要性。我们已充分认识到：马铃薯必将成为世界第四大粮食作物，在保障粮食安全和实现千年发展目标方面具有不可替代的作用。

第一节　马铃薯主粮化战略

经过多年的研究、酝酿和准备，农业部于 2014 年年底的全国农村工作会上正式提出了把“推进马铃薯发展和马铃薯主粮化”工作列入重要议程，并于 2015 年年初通过研讨会等形式向社会发出明确的信号。一石激起千层浪，小土豆成主粮引发社会热议。出于对国家粮食安全和人民生活水平的关注，马铃薯主粮化的重要性、必要性、可行性必然引起全社会的广泛关注。

马铃薯主粮化引发的热议，不仅折射出人们对国家粮食安全和口粮消费的关注，也反映出人们还没有忘却历史上缺粮少食留下的创痛，更表现出民族饮食文化与生活习惯所固有的一种坚持。但无论如何，对于一个有着巨大人口承载的国家和社会而言，由马铃薯主粮化引发的人们对农业及粮食安全的关注将有助于新时期我国农业发展战略与政策的制定和实施。

一、马铃薯一直是全球最重要的主粮之一，在保障食物安全和营养中发挥了重要作用

1. 马铃薯在全球的生产与格局变化

据联合国粮农组织统计，2013 年全世界谷物生产总量在 24.79 亿吨左右，

薯类生产总量约为 8.4 亿吨，这就是当今全球 70 多亿人口赖以生存的基本粮食总量。在现实生活中，人们直接消费薯类多于玉米，因此薯类或马铃薯是真正的第三大零食作物。马铃薯兼有粮食、蔬菜、饲料等功能，而且是潜在的生物质能源作物，具有极大的发展潜力。与其他粮食作物相比，马铃薯更加耐寒、耐旱、耐贫瘠，适应性广，至今全世界已有 150 多个国家和地区种植和生产马铃薯，2013 年我国种植面积达 1 946 万公顷，总产量 3.7 亿吨。

欧洲和亚洲是两个最大的马铃薯主产区，进入 21 世纪之前，欧洲的马铃薯种植面积和规模处于无可争议的领先地位，亚洲居第二位，然后是美洲和非洲。以 1993 年为例，欧洲马铃薯种植面积为 1 021 万公顷，占全球马铃薯种植面积的 55%；亚洲 578 万公顷，占全球马铃薯种植面积的 32%。但随后的十几年中，许多西欧国家的马铃薯种植向着加工和出口用种薯生产转变，2005 年后，亚洲马铃薯种植面积和产量开始超过欧洲，成为世界最大的马铃薯生产区。2013 年，亚洲马铃薯种植面积上升至 1 006 万公顷，占全球马铃薯种植面积的 51.7%；欧洲下降到 573 公顷，比重降至 29.4%。与 1993 年相比，欧洲马铃薯种植面积的萎缩恰好为亚洲替代，美洲、非洲和大洋洲的马铃薯生产规模基本不变。

中国、俄罗斯、乌克兰、印度四大马铃薯生产国占世界马铃薯种植面积的 50%。其中，中国无论是种植面积还是产量均居世界第一，2013 年种植面积达 577 万公顷，占全球种植面积的近 30%，产量达 8 899 万吨，占全世界总产量的 24%。

2. 马铃薯在欧美一直是主粮之一

全世界有三分之二的人口将马铃薯作为主粮消费。据统计，2011 年全世界马铃薯的人均食用量近 35.0 kg，除了直接食用外，马铃薯还广泛应用于饲料和加工等间接消费领域。2011 年世界马铃薯生产总量中 64%用于直接食用，13%用于饲料，3.5%用于加工领域。因此，无论是直接消费还是间接消费，马铃薯在食品消费中均占有重要的地位。

在欧洲，马铃薯一直是餐桌上的主粮，素有“第二面包”之称。也正是美洲大陆的马铃薯登陆了欧洲以及马铃薯的稳定生产才使欧洲人口剧增。然而，19 世纪中叶，爱尔兰的马铃薯因为晚疫病暴发造成大量减产，使上百万人饿死，上百万人迁徙美洲，形成了欧美人口的新版图。如今，欧洲作为马铃薯传统的消费区，人均食用量高达 84.2 kg，是世界平均水平的 2.4 倍。近年来，随着消费者生活水平的不断提高，人们对食物与营养多元化需求的不断上升，马铃薯作为主粮消费也有所下降，但仍处于较高水平。大洋洲马铃薯食人均用量排名第二，美洲第三，分别为 48.0 kg 和 36.0 kg，略高于世界平均水平。

3. 其他地区马铃薯的消费呈现上升趋势

受稻米文化的影响，亚洲的人均马铃薯食用量低于世界平均水平，不足30 kg。非洲马铃薯的人均消费量最低，仅为18.7 kg。从数量上看，亚洲和非洲马铃薯人均消费量低于世界平均水平，但从结构上看，亚洲和非洲70%的马铃薯用于直接食用，远远高于欧洲48%的水平，因此，马铃薯在保障低收入群体的食物安全方面发挥着重要的作用。2005年以来，受小麦、稻米等传统谷物价格暴涨影响，一些国家如秘鲁，开始鼓励居民食用添加马铃薯粉的面包，以减少对高价进口小麦的依赖，这进一步拉动了马铃薯的消费量。

与欧洲马铃薯食用消费下降趋势相反，近20年来我国马铃薯的食用消费数量上升较快（见图1-1）。这既有人口持续增长带来的总量效应，又有居民收入水平提高过程中食物消费转型带来的结构效应。

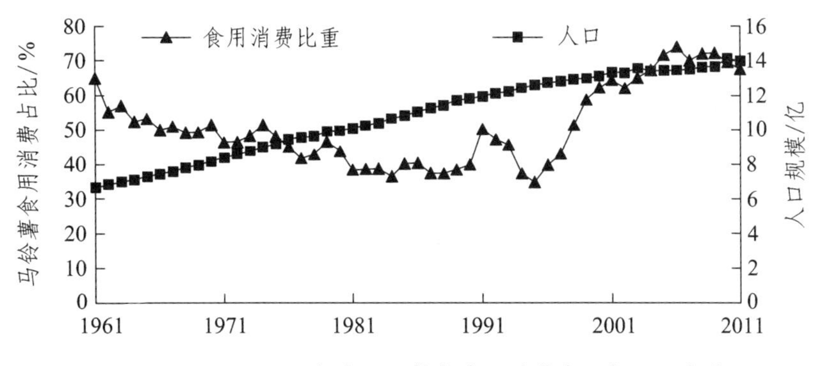

图1-1 1961—2011年中国马铃薯食用消费占比与人口变化

无论是早已把马铃薯主食化的欧美国家，还是日益看重食物消费重要性的亚洲国家，以及能有效对抗传统粮食短缺的非洲国家而言，马铃薯在食物营养安全中都发挥着重要的作用。正因为如此，联合国大会通过决议把2008年定为“国际马铃薯年”，把马铃薯定义为“未来的粮食”，这不仅表现出国际社会对推动发展马铃薯产业的高度重视，也充分表明了世界各国在致力于全球主食革命方面已经达成了共识：马铃薯作为重要的粮食作物甚至成为主粮在国际上已经是不争的事实。

二、我国实施马铃薯主粮化战略的积极意义

1. 传统粮食作物连续多年增长，继续增产空间有限，马铃薯主粮化为品种间结构调整创造条件

从粮食供给需求看，中国粮食产量从20世纪70年代末改革开放初期的3

亿吨到2014年超过6亿吨，尤其是最近十一年粮食产量的连续增长，粮食总量超过6亿吨已经成为新常态，其中，水稻、小麦和玉米的平均单产都分别高于世界平均水平，有的甚至还达到了世界较高水平。同时由于城市化进程加快等原因，传统粮食继续增长空间有限，难度加大。新常态下较为丰裕的粮食总量给品种间的结构调整创造了条件，这是因为，一方面人口继续增长，另一方面耕地和水资源不断减少，需要开发新的、更加可持续发展的优质粮食资源。要确保粮食总量的继续增长，顺应市场对不同粮食品种的需求，于是原本就是粮食品种之一的马铃薯的主粮化被提上议程，也完全符合国家在新形势下有关农业调结构、转方式、可持续和提升国家粮食安全水平的具体要求。

2. 马铃薯种植与加工符合国家推动中西部经济发展和小城镇发展战略

从减少贫困和致富需求看，马铃薯种植的区域与全国贫困区域的分布高度重合。我国绝大部份贫困县适合种植马铃薯，马铃薯在这些地区的生产和效益明显优于其他粮食作物，因为马铃薯在为当地居民提供基本口粮的同时，也可销往外地取得较好的经济效益。通过发展加工业，还可把增值效益留在当地，不仅可以使农民增收，而且还能够促进城镇化的发展，这非常符合国家推动中西部经济发展和小城镇发展战略。从脱贫攻坚战略角度，大力发展马铃薯产业也是一项较好的政策选择。

3. 从资源环境与可持续发展的需求看，发展马铃薯生产有利于缓解资源环境的压力

从节水角度上讲，马铃薯生长需水量少，其最低蒸腾系数（需水量）只有350，而小麦和水稻的生长分别是450和500，所以马铃薯可能成为雨养农业的一种主推作物。在年降水量350 mm左右的西北干旱或半干旱地区，谷物类作物生长发育困难，但马铃薯不仅能够生长，还能够减少水土流失，保护生态环境。从耕地的利用角度上看，利用南方1亿亩（1亩≈666.67 m^2）冬闲田生产马铃薯，不仅可以提高复种指数，提高土地利用率，而且在不与其他作物争地的前提下，可多种一季庄稼，多一份收入。因此，在局部地区，马铃薯替代谷物类粮食生产，有利于实现粮食的可持续发展。

4. 马铃薯主粮化有助于推动我国居民膳食结构调整与升级

从城镇人口消费需求来看，全国年人均粮食消费400 kg的占有量目标已

经基本实现，所以人们在吃得饱的条件下开始寻求吃得好、吃得营养、吃得健康的更高目标。当前城镇居民的饮食习惯、高脂高热等不合理的饮食结构导致了超重、肥胖，以及高血压、血脂异常、糖尿病等慢性病患病率的增加并呈低龄化蔓延的趋势。因此，改善食物消费方式、调整膳食结构迫在眉睫。相比之下，开发马铃薯主粮化产品是一种比较理想的选择，因为马铃薯的营养比谷物更加丰富和全面，其营养结构更加有益于人体健康。

5. 马铃薯主粮化有助于拓宽“粮食安全”和“膳食营养”的内涵

马铃薯主粮化的内涵就是要把马铃薯由副食或蔬菜变为主食，由家庭或作坊式生产加工变为工厂化生产，使之与米、面结合，变成符合中国传统消费习惯的蒸煮型产品，如马铃薯馒头、面条、面包和糕点等。研究表明，此类混合型面食产品口感良好、营养丰富、价格适中，完全有可能成为大多数人接受的新型主食产品。因此，马铃薯主粮化的内涵和具体成果，并非人们所担心的粮食危机和缺粮时期的历史重演，即所谓的“粮食不够土豆凑”现象。在当前确保国内95%以上口粮自给率的前提下，提出马铃薯主粮化，一方面顺应人们的消费需求、营养需求以及膳食结构调整需求；另一方面根据生态环境、土壤地力以及气候变化等条件，适时实施种植业结构的战略调整，其结果也应该是双赢：对于国家粮食安全的能力提升雪中送炭，对于增进人们营养膳食锦上添花。

三、制约我国马铃薯主粮化的主要瓶颈

1. 短期内消费者对传统主食的偏好难以转变，马铃薯主粮产品需求不足是重要的瓶颈

受几千年传统饮食文化和饮食习惯的影响，我国居民的主食以大米和面粉为主，马铃薯一直是边缘性的粮食作物，更多情况下是被当作蔬菜或配餐食品，只有在饥荒年景或极度贫困地区才成为特定人群的主粮。近年来，随着快餐食品和方便食品的兴起，相当一部分消费者开始偏好薯条和薯片，但与国外相比，国内马铃薯远远没有成为真正意义上的主食。

作为政府主导的一项战略行动，马铃薯主粮化旨在保障国家粮食安全的同时，优化居民主食的营养结构。考虑到我国食物消费正在从生产主导型向市场主导型方向转变这一事实，要真正推进这一国家战略，提高马铃薯在居民主食消费中的比重，有赖于消费者的认可和接受。因此，在我国传统蒸煮饮食文化的背景下，转变居民的主食消费观念，适应消费者的消费习惯和饮

食偏好，开发出更多外观品质、口感品质和营养品质为消费者乐于接受的多元化马铃薯主食产品，才能促进马铃薯粮食产品消费，从而打破马铃薯主粮化的瓶颈。

2. 现行鼓励粮食生产的政策并未惠及马铃薯产品，马铃薯主粮化的政策瓶颈突出

马铃薯主粮化战略，从形式上明确了马铃薯具有粮食作物的地位，但是现行的粮食生产优惠政策如果不做出相应的调整和优化，将掣肘马铃薯主粮化的进程。

首先，国家现有的一系列鼓励粮食生产的政策没有覆盖马铃薯生产。例如，2014 年中央财政实行的种粮农民的直接补贴政策并未将马铃薯纳入补贴范围。目前马铃薯的良种补贴也仅在主产区进行试点，并未普及。为鼓励小麦、玉米和水稻等粮食主产区的生产积极性，国家对产粮大县给予财政奖励，但相关的政策标准中还没有将马铃薯产量考虑其中。这样显然不利于马铃薯主粮化战略推进，而国家关于粮食生产功能区建设规划中更未将马铃薯优势产区纳入规划范围。

其次，马铃薯与原粮的折算标准不利于马铃薯的生产。多年以前，我国制定的马铃薯和传统原粮的 5∶1 的折算标准（即 5 kg 鲜马铃薯相当于 1 kg 传统粮食），按此标准，将马铃薯产量折算成原粮纳入粮食产量统计。随着马铃薯的品质改善，干物资含量的提高，沿用这一折算比例不利于鼓励马铃薯的生产。如果不重新研究并适时调整马铃薯与传统粮食的折算标准，将不利于鼓励马铃薯生产者的积极性。

3. 种薯和品种瓶颈制约了马铃薯单产水平提高和产量扩张，主粮化的物质基础薄弱

20 世纪 90 年代以来，我国马铃薯种植面积和产量呈上升趋势，2013 年我国马铃薯的总产量为 8 899 万吨，比 1998 年的 5 626 万吨增长了 58.2%；同期种植面积从 1998 年的 406 万公顷增加到 2013 年的 577 万公顷，增幅为 42.1%；而单产同期从 1998 年的 13.85 吨/公顷上升到 2013 年的 15.4 吨/公顷，增幅 11.2%，单产的增幅远低于种植面积和总产量的增长幅度，且即使是 2013 年我国马铃薯单产比世界平均水平的 18.9 吨/公顷低近 20%。因此，我国马铃薯总产量的贡献主要来源于种植面积的扩张，而不是单产水平的提高。单产是体现农作物生产科技水平的一个非常重要的代表性指标，但是我国马铃薯的单产并没有体现出任何优势，究其原因主要是受种薯和品种结构瓶颈的限制。

首先，优质脱毒种薯应用面积低。马铃薯种植与生产过程中，如果种薯带有毒性，必将导致病害严重，从而带来减产。由于我国马铃薯产业的起步较晚，种薯相应的行业标准和法规建立严重滞后；或者即使有标准，执行相应标准的法定质量监督和控制主体缺位，质量控制体系不健全，都足以导致马铃薯种薯市场秩序混乱，特别是监管不力或缺失，优质种薯的推广受到严重制约。据统计，我国脱毒种薯的种植仅占马铃薯种植总面积的 30%左右，而发达国家这一比例可达 70%以上。

其次，马铃薯品种结构性矛盾突出。一方面，我国马铃薯品种培育投入不足，缺乏优质的品种，特别是北方抗旱品种和南方抗病品种短缺问题突出，制约了马铃薯单产水平提高和规模的进一步扩张。另一方面，与国外相比，马铃薯的专用品种，特别是加工型品种严重短缺。如荷兰马铃薯加工品种有 200 余种，加工专用化程度高，分为鲜食专用型、淀粉专用型、油炸专用型、全粉专用型等。而我国马铃薯生产和推广应用的品种多以蔬菜用品种为主，用于马铃薯加工的诸如薯片、薯条和全粉品种较少。据统计，目前我国专用薯生产比例为 6.5%左右，而发达国家这一比例可达 50%以上。

综上所述，脱毒种薯应用比例低、马铃薯品种结构性矛盾等制约了该产业的健康发展。特别是在马铃薯主粮化政策的背景下，不克服种薯和品种结构的瓶颈，马铃薯的产量水平难以持续增加，主粮化的物质基础必然薄弱。

4. 马铃薯主粮化产品配方少、深加工工艺技术落后，构成了主粮化战略的关键瓶颈

马铃薯主粮化战略，就是将马铃薯深加工产品（包括全粉）添加到中国传统主食如馒头、面条和米粉中，通过产品研发和加工工艺技术创新，开发和生产适合我国居民饮食习惯的马铃薯主粮化产品：马铃薯全粉占较高比例（35% ~ 50%）的馒头、面条、米粉、糕点、白酒等。因此，在主粮化战略背景下，马铃薯功能应更多地凸显其在主食产品中添加比重逐渐上升，从而降低粮食消费中对小麦、水稻和玉米等传统粮食作物的依赖，保障国家粮食安全。

实际上，我国马铃薯消费一半以上是鲜食消费，马铃薯全粉加工能力和加工水平偏低，构成了主粮化的突出瓶颈。马铃薯全粉包括雪花全粉和颗粒全粉，在主粮化战略中将发挥重要作用。但由于现有的加工技术和设备落后，加工规模小，高质量马铃薯全粉的生产能力远远落后于市场需求，存在很大的缺口。同时单位产品的成本高，与进口全粉相比，国内全粉价格偏高。随着主粮化战略的推进，未来市场对高质量的马铃薯全粉需求会进一步上升，缺口还有继续扩大的趋势。马铃薯深加工的瓶颈具体体现在目前技术成熟的、

具有科学的营养配比的马铃薯主食产品品种较少，加工工艺技术有待提高，同时适宜马铃薯主粮化的加工机械和专用设备短缺等诸多方面。马铃薯深加工和马铃薯主食产品加工环节的技术瓶颈构成了主粮化战略最为关键的瓶颈。

四、推进我国马铃薯主粮化战略的政策建议

1. 加强马铃薯主粮化的宣传引导，统一认识，营造马铃薯主食产品消费的良好社会环境

目前我国人均国民收入已经进入中等发达国家行列，居民对食物消费的需求相应地从注重数量向注重质量和结构转变，因此对改善膳食营养结构的需求也在增加。在这一背景下，应充分利用媒体、专家访谈、科普讲座等有效形式，普及马铃薯产品的营养价值，营造马铃薯主食产品消费的良好社会环境。通过提高居民对马铃薯主食产品的认知水平，引导消费者选择马铃薯主粮化的产品，稳步提高马铃薯主食产品的市场份额，并逐渐使马铃薯成为消费者乐于接受的主食产品。

2. 尽快建立和健全覆盖从马铃薯生产、加工、流通的产业扶持政策，夯实马铃薯主粮化战略的物质基础

当前，需要尽快建立和健全一套从马铃薯生产到加工、流通的全产业覆盖的、多部门协同联动的产业支持政策，以保障其主粮化有序推进。

首先应将马铃薯纳入粮食直接补贴的范围。现有马铃薯生产多利用农业生产条件较差、土地贫瘠、水资源缺乏、无灌溉条件的山区和干旱、半干旱等边际耕地，马铃薯单产水平低且不稳定，增产潜力有待挖掘。马铃薯主粮化战略在确立马铃薯具有粮食作物特性的同时，应将其纳入国家粮食直接补贴的范围，这一政策不仅能激励农民增加马铃薯的种植规模，提高种植效益，保障收入的稳定增长，而且对地下水超采区的种植业结构调整有着重要的引导作用。

其次，制定出台马铃薯的价格稳定政策，保护马铃薯生产者的积极性。目前，我国马铃薯生产集中在西北地区，而消费市场集中在东南地区，由于长途运输成本过高，制约了其商品属性。另外，鲜马铃薯难以大批量储藏，从而导致收获季节在产地大量集中上市，极易造成产品价格下跌及滞销。未来在推进马铃薯主粮化战略过程中，需要充分考虑到种植规模扩张引发的“薯贱伤农”的现象，因此需要出台稳定马铃薯价格的相关政策。当前可以考虑在主产区试点开展马铃薯的目标价格政策，通过财政补贴价差稳定马铃薯的

生产，为其主粮化提供物质保障。

最后是研究和制定鼓励马铃薯价格的优惠政策，并将马铃薯淀粉和全粉纳入国家战略储备体系。作为加工原料，马铃薯季节性供给也造成了加工企业生产周期短、难以全年均衡加工的问题。为鼓励马铃薯加工企业提高加工转化能力和技术水平，建议出台政策将马铃薯淀粉加工业纳入初级农产品加工业的范围，享受税收等优惠政策。同时，考虑建立国家主导与企业运行相结合的马铃薯全粉战略储备体系，真正将其列入粮食储备品种，这不仅提升了马铃薯在粮食安全中的地位，也是化解马铃薯及其制品价格波动风险的有效手段。

3. 构建马铃薯产业协同科研公关体系，优化科研资源配置，确定科研投入的优先顺序

我国马铃薯种植中单产提高潜力巨大，即使是达到了目前世界平均水平，单产仍有近20%的增产潜力，如果达到发达国家水平，则增产潜力更为乐观。制约我国马铃薯单产平均水平提高的技术约束主要体现在品种特征、环境、土壤与气候条件、病虫草害等，其中品种特征影响最大。

当前需构建政府、科研院所与生产企业共同参与的协同科研公关体系，同时加快优良新品种的选育，突破品种“瓶颈”的制约。育种科研所带来的单产提高是未来我国马铃薯生产进一步增长的关键，优化配置有限的科研资源，确定科研投入的优先顺序是使马铃薯单产获得最大限度提高的必要条件。马铃薯品种选育，特别是优质、高产、抗逆、抗旱和适宜主粮化的专用品种（高干物质含量、高蛋白质含量）选育应当作为今后较长时期内投入的重点。考虑到我国马铃薯种植中脱毒种薯应用比例偏低，对单产制约突出的实际，短期内，要充分利用现有优良品种资源，重点支持种薯扩繁体系，力争实现主产区脱毒种薯全覆盖，并建立和健全种薯质量监测体系和市场监管体系。

除了优先发展种薯扩繁体系和优良品种选育，我国马铃薯种植面积扩张还有着很大潜力。在不与水稻、小麦和玉米抢水争地的前提下，马铃薯主粮化战略的推进有赖于中南地区和西南地区从事水稻种植有冬闲田的各个地区。利用南方冬闲田种植马铃薯，可大大提高马铃薯的总产量。因此，未来品种选育，应着重考虑南方冬种马铃薯的品种选育投入，特别是早熟品种的选育与定型。

4. 把马铃薯加工转化作为主要抓手，延伸产业链条，提高产品附加值

马铃薯主粮化战略的推进，主要是依靠加工转化拉动马铃薯生产和在居民主食消费中的地位，加工是这一战略中最关键的环节。在政策设计上，应以马铃薯加工转化作为有力抓手。一方面，通过税收、信贷等政策手段引导农产品的加工企业加大适合国人饮食习惯的马铃薯主粮化的产品研发，鼓励企业开展马铃薯主粮化产品加工关键技术工艺与配套设备的研究与开发。另一方面，鼓励马铃薯加工企业进行技术改造和升级，提高加工水平和产品质量。

具体来说，短期内，通过马铃薯初加工，保持和提高传统的马铃薯产品消费；中期内，以突破马铃薯精加工技术为重点，生产米面结合的新型马铃薯主粮产品，满足不同消费群体需求，稳步扩大马铃薯主食产品的市场份额；长期内，以马铃薯精深加工技术为目标，在稳步提高马铃薯主粮消费的基础上，通过精深加工提取营养物资制成保健与营养食品或药品。

总之，通过政策设计，鼓励和引导企业利用不同的加工技术，获得多元化的马铃薯加工产品，形成“加工促进消费，消费带动生产”的良性循环。在推进主粮化战略的同时，延伸马铃薯产业链条，提高产业附加值。

5. 加强国际合作，推动“走出去”与“请进来”模式，提高我国马铃薯产业的国际竞争力

国际马铃薯中心（CIP）拥有世界上最丰富的马铃薯种质资源。据统计，截至 2013 年，国际马铃薯中心保存有马铃薯种质资源 10 343 份，其研究团队在品种资源保存和分析评价利用、遗传育种、生产栽培管理、营养与健康等研究领域有着突出的优势。近年来国际马铃薯中心在研究如何促进马铃薯高产、高效益和可持续发展以及在农业、经济和粮食安全方面发挥着重要的作用，并将发展早熟马铃薯、增强谷物生产体系综合产出，提高亚洲粮食安全水平作为 2014—2023 年十年战略发展目标之一。2010 年，国际马铃薯中心与中国政府共同组建国际马铃薯中心亚太中心（亚太中心），这为我国与国际马铃薯中心的合作创造了地缘优势。未来在推进我国马铃薯主粮化战略过程中，要加强与国际马铃薯中心等机构的国际合作，充分利用其丰富的薯类种质资源和智力资源，大力选育专用加工品种，助推中国特色的薯类作物主粮化。

依靠“请进来”强化国内马铃薯“产学研”的同时，积极研究“走出去”的方法，把国内薯类研究与生产的优势向国外延伸，打造中国马铃薯主粮品牌，提高我国薯类产业的国际竞争力。

6. 逐步把马铃薯主粮化战略拓宽至薯类作物的主粮化战略

无论从世界范围还是从国内情况看，甘薯也是一个很大的、具有足够潜力的粮食作物品种。甘薯的国内种植面积虽然不及马铃薯，但总产量与马铃薯相当，有近 1 亿吨，可谓薯类作物的半壁江山。同时我国甘薯产量占世界总产量的 80%左右，因此在推进马铃薯主粮化的进程中，应充分发掘甘薯主粮化的潜力。

甘薯营养丰富，尤其具有抗癌、抗衰老等系列功效，在世界卫生组织推荐的健康食品中名列前茅。甘薯的生产特性与马铃薯相当，只是在种植地域分布上有所不同。因为其更耐热、耐旱，我国长江流域及其以南地区适宜甘薯种植和生产，正好与马铃薯种植区互补。因此，在马铃薯主粮化的基础上，进一步探索薯类作物主粮化战略无疑更全面、更科学、更实际地服务于粮食安全。

第二节　马铃薯深加工的意义

2018 年年初，农业部发布了《关于推进马铃薯产业开发的指导意见》，提出把马铃薯作为主粮，扩大种植面积、推进产业开发。到 2020 年，马铃薯种植面积扩大到 1 亿亩（1 亩≈666.67 m^2）以上，适宜主食加工的品种种植比例达到 30%，主食消费占马铃薯总消费量的 30%。由此可见，中国马铃薯主粮化正在有条不紊地推进。马铃薯产业开发的内涵，就是用马铃薯加工成适合中国人消费习惯的馒头、面条、米粉等主食产品，实现马铃薯由副食消费向主食消费转变、由原料产品向产业化系列制成品转变、由温饱消费向营养健康消费转变。因此，马铃薯深加工是推进马铃薯主粮化战略的重要保障。

一、我国马铃薯加工产品需求量大

虽然我国目前马铃薯的主要加工产品是淀粉，但仍然用作中间产品，用途最为广泛的工业用产品如变性淀粉仍主要靠进口。因为马铃薯淀粉具有其他淀粉不能代替的独特品质和功能，如颗粒比其他的淀粉大，具有高黏性；支链淀粉的分子量高，具有优良成膜能力；含有天然磷酸基团，稳定性好；蛋白含量低，口味温和，无刺激，是食品添加剂的最佳选择。所以，马铃薯淀粉及其衍生产品被广泛用于食品、医药、纺织、造纸、铸造、石油钻井、建筑涂料等行业，这些终端产品的年需求量在 100 万吨左右。马铃薯的一些品种具有丰富的花青素含量，天然花青素具有优良的抗氧化和保健功能，是食品色素、保健产品、日用化工的高端原料，以马铃薯为原料的花青素化工产业近年也开始兴起，国内外均具有较大的市场空间。我国具有独特的饮食文化，符合国内消费的马铃薯食品加工产品市场需求量巨大，如粉丝、粉条、方便面、地方风味食品等，这些产品的研制与开发，将有效提升我国马铃薯产品的加工比例。

虽然在较长的时间内，发展中国家的鲜薯食用仍占马铃薯消费的主要部分，但在像中国、印度、俄罗斯这样的新兴经济体国家，消费产品的重心已逐渐向高附加值的休闲和快餐食品转移。随着工业的快速发展，这些国家对马铃薯淀粉及其衍生产品的需求亦会进一步增加。这些国家的马铃薯种植面积大，产量占全世界 40%，因此对全球马铃薯产业的总体发展趋势具有显著影响。

二、马铃薯深加工可减轻鲜马铃薯的储存压力，减少浪费，同时打开鲜马铃薯的销售渠道，减少种植户的后顾之忧

马铃薯含有丰富的淀粉和膳食纤维，多种类及高含量的维生素、矿物质及蛋白质，同时脂肪含量较低，是实现主粮化的首选。然而马铃薯的储存问题限制了其主粮化进程。农户家里鲜马铃薯的储存期限非常有限，即使通风条件良好，温度湿度适宜，可以减少腐烂变质，鲜马铃薯的生芽现象也是很难控制的。众所周知，发芽马铃薯中有毒成分或致毒成分茄碱（$C_{45}H_{73}O_{15}N$）的含量会升高，大量食用容易导致中毒。因此马铃薯主粮化的出路在于深加工，只有深加工才能避开其储存缺陷，让健康、营养的马铃薯粮食产品替代传统粮食，解决我国的粮食危机。

目前，我国西南山区没有实现马铃薯规模化种植，农户种植的马铃薯只能作为蔬菜在市场上零星销售，数量极其有限。再加上鲜马铃薯储存时间及条件的限制，农户不能获得种植马铃薯所带来的经济效益，从而影响其生产积极性。马铃薯深加工企业对鲜马铃薯的大量需求，无疑为鲜马铃薯的销售打开了渠道，减少种植户的后顾之忧。

第三节　我国马铃薯深加工产业的现状及发展中存在的问题

一、我国马铃薯深加工产业的现状

我国马铃薯深加工起步于 20 世纪 80 年代初，目前加工量仅为总产量的

10%左右，但近十年来发展非常迅猛，全国已有大型加工企业 100 余家，年均加工薯条、薯片约 3 万吨。马铃薯淀粉具有良好的加工特征，广泛应用于食品加工、医药、造纸和石油等行业，全球年总产量达 600 多万吨，特别是变性淀粉用途更为广泛。但我国马铃薯只占淀粉年总产量的 2%左右，符合一级标准的马铃薯淀粉年总产量只有 10 万吨左右。其中优级淀粉仅占 50%，仅能满足国内需求总量的不到 7%。全国每年需进口马铃薯淀粉 20 万吨，即便如此，国内尚有 40 多万吨的缺口。变性淀粉更是 60%依靠进口。

在发达国家，70% ~ 80%的马铃薯都通过深加工增值。其中马铃薯高产国家将总产量的 40%用于淀粉加工。其中，美国将 50%以上的马铃薯用于淀粉加工，英国和荷兰的加工量达到 40%以上，德国为 25%。巨大的市场需求是我国马铃薯精淀粉加工业发展的强大动力。就目前加工效益来看，加工粉条的升值率一般为 16%，加工淀粉的升值率为 30%，而加工变性淀粉的升值率可达 400%，加工薯条等快餐的升值率甚至达到 550%，吸水树脂等深加工品种升值率竟达 880%。很遗憾的是这些高升值率的马铃薯深加工产品开发在我国才刚刚起步。

目前，北京、上海、广州等全国大中城市中，以马铃薯条、马铃薯泥为基本原料的快餐食品已经占据我国快餐市场的半壁江山，而从各种渠道进口的诸如油炸薯片、膨化食品等马铃薯加工制品也在不断增长，一些国外的马铃薯加工企业纷纷到中国投资建厂。相比较而言，国内马铃薯加工产业发展滞后，加工技术水平落后，其制成品产量和品种均不能满足消费者日益增长的需求。随着马铃薯加工技术的不断完善，产品品种的逐步开发，以及各种媒介的正确宣传和引导，马铃薯食品将逐步成为我国城乡调剂和丰富人们日常食物结构的主食，在日常膳食结构中将占有一席之地。马铃薯产品的消费将进入快速增长时期，市场前景十分广阔。目前马铃薯深加工产业链与主要开发产品包括：淀粉及其衍生物（如变性淀粉）、速冻食品（薯条、薯饼、馒头、饺子等）、油炸食品（油炸薯片）、干制品（雪花全粉及颗粒全粉）、膨化食品、休闲食品等。

二、我国马铃薯深加工产业发展中存在的问题

我国马铃薯加工业虽然发展迅速，但是马铃薯加工技术水平低，产品附加值也低，与马铃薯深加工产业化要求和世界先进水平相比还有很大的差距。

在我国，虽然马铃薯种植面积以及产量均居世界前列，但是由于各种制约条件的存在，我国人均马铃薯年消费量很低，只有 18 kg 左右。其中 90%

用于鲜食或加工成淀粉、粉条等，加工比例还不到 5%，加工产品种类少，属于初级加工阶段，因此经济效益不高，消化能力有限。联合国统计数据表明，我国目前马铃薯食品的总体加工水平约比世界发达国家水平落后 20 年。

在我国广大的马铃薯种植区，由于缺乏相应的加工技术，以及受交通条件限制（大多为山区），收获后的鲜马铃薯大多制成薯干或用作饲料。同时由于受市场限制，马铃薯在产地的销售价格低廉，马铃薯高产优势的发挥受到极大的制约。由于没有现代化的储藏条件和科学的加工技术，每年全国因此而损失的鲜马铃薯产品占到 20% ~ 30%，其余的也基本用于鲜食或初级加工。因此，马铃薯的营养价值不能得到充分的发挥，其综合经济效益也受到极大限制。

20 世纪 80 年代中期以来，我国马铃薯食品的开发曾一度引起众多研究者的兴趣，并在加工工艺上取得突破。但是由于缺乏配套的硬件设备，这些技术仅能停留在实验室研究阶段。在马铃薯制品工业化生产中，为获得最高的经济效益和最佳的产品质量，对马铃薯品种、块茎的大小、形状及成分等均有严格的要求，如工业用马铃薯宜选用淀粉含量较高的鲜马铃薯为原料，以确保较高的出粉率，而直接食用型马铃薯宜选用蛋白质含量较高的鲜马铃薯，以获得最佳的食品品质。

随着美式快餐连锁店的不断扩张，马铃薯加工食品的消费市场呈持续发展态势。而我国目前虽然在马铃薯产量方面占世界第一位，但其加工率偏低，浪费了资源。由于马铃薯休闲食品对鲜马铃薯原料有着严格要求，例如原料品种的选择对油炸薯片的品质、色泽、口感都有着直接的影响，没有一定数量的马铃薯专用品种就很难生产优质的马铃薯加工产品，也不能发展我国的马铃薯加工工业。目前我国马铃薯加工在技术和设备上与发达国家相比存在较大差距，要使传统食品现代化，现代食品国际化，进入国际市场，就必须有一流的设备、先进的工艺。对一个马铃薯生产大国而言，要发展马铃薯加工工业，必须有相应水平的加工机械做保障，而目前大型的、先进的马铃薯加工机械研发相对滞后造成了马铃薯加工工业发展的瓶颈。

三、我国马铃薯深加工的发展方向

1. 强化政府职能，加大扶持力度，搞好社会化服务

马铃薯深加工产业是一个集科研、生产、经营、基地、龙头、市场为一体的，庞大、严密、多学科、产销、农工贸协调配合的完整的系统工程。因此，政府应遵循经济规律，加强领导和组织管理职能，加大扶持力度，搞好

社会化服务，推动马铃薯产业化发展。工作重心应放在：对马铃薯深加工企业的建设要加强管理和指导，依据各地区的实际搞好规划布局；对新建企业应充分论证，综合考虑，站在世界先进水平的高度，高点起步，坚决避免低水平重复建设；对那些确有强大带动力的企业要在政策、资金等方面给予大力扶持，同时要组成相关协调部门，宣传教育广大农户，按照马铃薯产业发展需求进行马铃薯种植生产，共同推进马铃薯深加工快速发展。

2. 加强种薯市场管理，提高原料薯的品质

市场秩序的稳定直接影响到企业经营效果与利益，因此加强种薯市场的管理首先要借助政府的力量，建立健全覆盖有关种薯生产、销售等各个环节的相关规定和监督保障机制。此外，还要学习国外先进的种薯监督检查制度，引进马铃薯质量认证程序。目前，我国马铃薯品种普遍存在干物质含量低、薯形不规则等问题，因此引进、筛选、推广一些适合马铃薯食品深加工的品种，已经成为加快我国马铃薯产业发展的当务之急。为此，必须以市场为导向，加大引种力度，通过试验、筛选等程序，推广既适合我国种植又适合市场需求的马铃薯早熟品种、淀粉和全粉加工品种、油炸食物加工品种、营养丰富的鲜薯食用品种，从而为促进我国马铃薯产业的形成和发展提供保证。

3. 扶持龙头企业，大力发展马铃薯深加工业，全面推进马铃薯加工业

龙头企业应主攻三个方向：大力发展市场需求旺盛、前景看好的马铃薯精淀粉加工；推动市场基础较好的传统粗淀粉及其粉条、粉丝加工业的改造、升级；积极发展市场潜力巨大的马铃薯休闲食品、快餐食品与方便、营养食品加工。要充分把握现代社会人们食物消费追求营养、健康的心理特点，由大的行业协会联合营养健康学会大力宣传马铃薯低脂肪、低热量、富含多种维生素和膳食纤维的营养特点，努力推广马铃薯泥、马铃薯面包、马铃薯面条等新型马铃薯加工食品，引导消费，从而推动马铃薯深加工业的进一步发展。企业是加工业发展的主体，要从大力扶持龙头企业入手来努力推进加工业的发展。从技术引进、信贷、税收等多方面切实支持现有龙头企业的内引外联、改造升级和强势联合，并在原料收购、储藏运输、产品销售等环节给予重点支持，不断扩大企业规模，提高其技术含量，增强市场竞争力。通过机制改革，资产重组，努力使现有小企业变大，大企业变强，逐步形成马铃薯加工行业的中坚力量。

4. 开辟精深加工，提高产品品质

发展马铃薯深加工业是壮大我国马铃薯产业的根本出路。马铃薯深加工可以大幅度提高产品的附加值。随着我国人民生活水平的不断提高，人们对马铃薯产品的需求不断增加，马铃薯加工食品消费市场前景极为广阔，优质的马铃薯精加工产品从来不缺市场，这给我国马铃薯深加工业带来了很好的发展机遇。同多方引资、投资，创造更多更好的投资和经营环境，吸引更多企业从事马铃薯加工产业开发。

5. 提高产品的科学技术含量和加工装备水平

目前我国马铃薯加工业普遍存在规模小、生产能力低、自动化程度低、产品结构不合理的问题。精深加工和综合利用水平低，其核心问题是技术装备落后。作为工艺和技术载体的马铃薯食品加工设备已成为我国马铃薯精深加工业的瓶颈问题。国家应投入资金进行加工机械的国产化，通过消化吸收发达国家的先进技术和工艺，实现马铃薯深加工机械设备的国产化，可以节省建设投资 30%以上。通过建立技术创新平台，吸收高校及科研机构的工艺及应用基础研究成果，充分发挥科研院所产品开发设计和工程成套能力及大企业设备制造优势，成立各级马铃薯工程中心，加强具有自主知识产权产品的研发及工程成套技术集成，以高新技术提升马铃薯加工业的整体装备水平，以适应精深加工的需要。

第二章　马铃薯全粉

马铃薯全粉是一种低脂肪、低糖分，能最大限度地保持马铃薯中原有的高含量维生素 B_1、维生素 B_2、维生素 C 和矿物质钙、钾、铁等营养成分的马铃薯制品，可制成婴儿或老年消费者理想的营养食品。其复原效果好、口味纯正的特点已被广大消费者所接受，其食用方法简单、易消化的优点更被中老年和婴幼儿所爱。

以流行世界的马铃薯全粉为原料，可开发各种高营养食品。马铃薯全粉广泛适用于食品加工，如复合薯片、膨化食品、婴儿食品、快餐食品、速冻食品、方便土豆泥、法式油炸薯条、鱼饵等，也是饼干、面包、香肠加工的添加料。使用该产品，对于改善食品口感，调整食品营养结构及提高经济效益有显著促进作用。

马铃薯为低热量、高蛋白、含多种维生素和矿物质的食品。因此，国内外营养学家誉之为“十全十美的食物”，人体需要的各种营养素它几乎都具备了。美国农业研究机构的试验证明：每餐只吃全脂牛奶和马铃薯，就可以得到人体所需要的一切食物元素。早期的航海家们，常用马铃薯来预防维生素 C 缺乏病。总而言之，马铃薯全粉对于增进营养膳食，改善我国人民的饮食结构，提高营养与健康水平，具有重要意义。

第一节　马铃薯全粉的特性及应用

一、马铃薯全粉的特性

马铃薯全粉是以干物质含量高的马铃薯为原料，经过清洗、去皮、切片、漂烫、冷却、蒸煮、混合、调质、干燥、筛分等多道工序制成的，含水率在10%以下的粉状料。由于在加工过程中采用了回填、调质、微波烘干等先进的工艺，最大限度地保护了马铃薯果肉的组织细胞不被破坏，可使复水后的马铃薯具有鲜马铃薯特有的香气、风味、口感和营养价值。

由于脱水干燥工艺不同，马铃薯全粉的名称、性质、使用有较大差异。主要分为三种：以热气流干燥工艺生产的，成品主要以马铃薯细胞单体颗粒或数个细胞的聚合体形态存在的粉末状马铃薯全粉称之为马铃薯颗粒全粉，简称“颗粒粉”；以滚筒干燥工艺生产的，厚度为 0.1 ~ 0.25 mm、片径 3 ~ 10 mm 大小的不规则片屑状马铃薯全粉，因其外观形如雪花，因此称之为马铃薯雪花全粉，简称“雪花粉”；采用脱水马铃薯制品经粉碎而得到的粉末状马铃薯全粉称之为马铃薯细粉，简称为“细粉”。马铃薯颗粒全粉和马铃薯雪花全粉是马铃薯全粉的主要产品，应用最为广泛。

马铃薯全粉和淀粉是两种截然不同的制品，其根本区别在于：前者在加工中没有破坏植物细胞，基本上保持了细胞壁的完整性，虽经干燥脱水，但一经用适当比例的水复水，即可重新获得新鲜的马铃薯泥，制品仍然保持了马铃薯天然的风味及固有的营养价值；而淀粉却是在破坏了马铃薯的植物细胞后提取出来的，制品不再具有很多鲜马铃薯的风味和其他营养价值。

马铃薯全粉脂肪含量很低，营养丰富、全面，而且搭配合理，符合当今“低脂肪、高纤维”的消费时尚。马铃薯全粉是马铃薯食品深加工的基础，主要用于两方面：一是作为添加剂使用，如焙烤面食中添加，可改善产品的品质，在某些食品中添加马铃薯全粉可增加黏度等；另一方面马铃薯全粉水分含量低，能够较长时间地保存，且保持了新鲜马铃薯的营养和风味，是一种优质的食品原料，可冲调马铃薯泥、制作马铃薯脆片等风味和强化食品。在如今的食品工业中广泛应用于制作复合薯片、坯料、薯泥、糕点、膨化食品、蛋黄浆、面包、汉堡、冷冻食品、鱼饵、焙烤食品、冰激凌及中老年营养粉等食品。用马铃薯全粉可加工出许多方便食品，它的可加工性优于鲜马铃薯原料，可制成各种形状，可添加各种调味料和营养成分，制成各种休闲食品。如复合马铃薯片就是一种以马铃薯全粉为主要原料生产的薄片，已成为风靡世界的一种休闲食品。

二、马铃薯全粉的应用

马铃薯全粉是马铃薯食品工业的基础产品。利用马铃薯全粉可以开发出许多各具特色深受人们喜爱的马铃薯食品，如：

（1）各色风味的方便土豆泥。

（2）油炸马铃薯条，现炸现卖、外脆内香、风味极佳。

（3）速冻马铃薯条食品。用微波炉烘烤或过油后，供家庭或餐馆食用。

（4）复合薯片。目前国外品牌（例如美国的“品客”薯片）占国内市场统治地位，虽有北京兴运公司的“大家宝”薯片参与竞争，但所用马铃薯全粉还依赖进口。

（5）各种形状、各色风味的休闲食品。目前全国有上百家生产厂家，过去大部分用小麦粉、玉米粉、木薯粉等做原料。近年来，为了提高产品质量和档次，纷纷改用马铃薯全粉做原料，对马铃薯全粉的需求量正迅速扩大。

（6）婴儿食品。到目前为止，我国婴儿食品的主要原料是大米（如广州亨联集团的婴儿营养米粉）。用马铃薯全粉配制婴儿食品有其独特的优点，有待于开发。

（7）鱼饵配料。用马铃薯全粉做鱼饵配料，香味浓郁，鱼上钩快且多。国内著名的东峻鱼饵公司、老鬼鱼饵公司都已将全粉列为鱼饵配方中的基本配料。

（8）焙烘食品（如面包、糕点、饼干等）的添加剂和即食汤料增稠剂。王春香利用马铃薯全粉和小麦粉的混粉制作马铃薯方便面，结果表明，在马铃薯全粉的添加量达到 35%时，马铃薯方便面具有较好品质。郑捷、胡爱军研究了马铃薯全粉对面包的水分、酸度、比体积和感官品质的影响，结果表明，提高马铃薯全粉添加量，可使面包成品的含水量相应增大，对面包酸度影响不大。当马铃薯全粉添加量在 5%～15%时，对面包的体积不产生抑制作用；当添加量高于 15%后，面包的比体积随着马铃薯全粉添加量的增大而明显减小。

（9）军队战略储备物资。由于马铃薯全粉使用方便、保存期长、营养丰富、消化吸收率与其他食物相比为最高，欧美各国大都将其作为战略储备物资，以满足紧急情况下的需要。

用马铃薯全粉代替一部分淀粉，添加到饼干、面包中，目前在国外已得到了广泛的应用。面包中添加马铃薯全粉，可以防止老化而延长保存期，饼干中添加马铃薯全粉会比添加淀粉具有更丰富更好的营养成分。在某些第三世界国家，人们常食用的饼干中就是添加了大量的马铃薯粉，以补充由于他们只吃饼干而不吃蔬菜导致的营养缺乏。马铃薯粉除了可以作为填充料外，在国外还有一种方便汤中也普遍应用马铃薯全粉。正是由于马铃薯全粉在马铃薯食品加工中的重要作用，国外许多国家都有专门的工厂生产加工马铃薯全粉，实现了马铃薯全粉加工的产业化，并且产品直接出口，创造了更多的经济效益。

膨化制品近几年来发展很快，是具有销售优势的一种人们喜食的品种。它是由薯粉与其他配料按一定的比例混合后进行膨化而制得的各种形状的食品。膨化食品松脆，易消化，所以深受人们的欢迎，尤其是受儿童的欢迎。肖莲荣以马铃薯雪花全粉和颗粒全粉为基料，对马铃薯挤压膨化食品进行了研究，确定了大米、玉米、小麦淀粉是马铃薯全粉最佳的共挤压谷物原料，最佳配比是：淀粉 10%、大米粉 30%、玉米粉 15%、马铃薯雪花全粉 28%。

含高蛋白、多维等的马铃薯强化制品主要用于学校儿童的膳食中，同时也可适用于老年人、某些病人及特殊需要某种营养的人。

第二节　国内外马铃薯全粉加工生产的现状和发展趋势

国际上一些发达国家利用马铃薯作为原料加工而成的各种产品已有数千种，并在发展过程中逐步形成了许多以马铃薯加工工业为主体的集团企业。马铃薯全粉的加工是在第二次世界大战之后发展起来的，目前马铃薯全粉在欧美国家已有大量生产，并在食品加工等领域得到了广泛的应用。

马铃薯全粉是马铃薯加工食品中不可缺少的中间原料，由于它能够长期保存且能够保持马铃薯的风味，便于制作各种食品，因此，它作为马铃薯深加工的基本产品将会得到迅速发展。对于我国来说，生产技术和加工设备的解决是开发马铃薯全粉的关键所在。随着我国人民生活水平的不断提高，人们直接鲜食马铃薯的数量逐步减少，而对食品的风味、营养性提出了更高的要求。特别是随着儿童小食品、餐饮业、西餐业及食品工业的发展，人们对马铃薯全粉的加工有了一定认识，消耗量逐渐增加，国内对马铃薯全粉的需求量也同样扩大。如肯德基的土豆泥、品客薯片、各色膨化食品等在市场上非常畅销，而生产这些食品的基础原料均离不开马铃薯全粉。随着国家扩大内需、启动消费政策的效果逐步显现，马铃薯深加工产品的市场前景看好。

有关研究发现，一般以干物质含量高、薯肉白、还原糖含量低、龙葵素含量少、多酚氧化酶含量低、储藏期短及无病害的原料为佳。挑选好的物料经流送槽输送到鼓风式清洗机清洗，然后碱液去皮、切片切丝（切片厚度 8 ~ 10 mm），再经带式蒸煮机（98 ~ 102 °C，15 ~ 35 min）蒸煮，搅拌机打浆成泥，经隧道式干燥机干燥、粉碎筛选机粉碎筛选为佳。其中打浆成泥、干燥及粉碎是关键工艺。

我国现有全粉加工能力远远满足不了急剧增长的市场需求，大部分仍需要进口，其市场价格和市场容量都处在最佳状态。马铃薯全粉生产的原料资源丰富，产品的市场容量大，投资风险小，投资回收期较短的特点，极大地吸引了国内外资本流入，一批马铃薯全粉加工筹备项目正以较快的步伐迅速发展。有关资料显示，已竣工投产或试产的全粉设计生产规模约 1.5 万吨；正在开工建设或扩建改造的全粉设计生产规模约 3 万吨；中外各单位正在开展立项、招商和筹建的全粉设计生产规模约 5 万吨。预计，我国马铃薯全粉生产能力几年内将达到 5 万吨。5 ~ 10 年内可望突破 10 万吨，原料需求 60 万吨以上。

马铃薯全粉属于脱水制品，但具有特殊的工艺和作用。正是由于全粉保持了马铃薯天然的风味及固有的营养价值，欧美各国积极致力于研究马铃薯的加工方式，开发马铃薯全粉产品，并迅速给予推广。在国外种类繁多的马铃薯加工食品中，马铃薯全粉得到了广泛和大量的应用，成为食品加工业中的一种新型的重要原料。目前，马铃薯全粉加工比较发达的国家有美国、德国、荷兰、法国。许多国家还把马铃薯开发成减肥食品。1988 年，法国在全球成立了第一家马铃薯减肥健美餐厅。目前这类餐厅仅在法国就有 70 家。1989 年意大利、西班牙、加拿大等国也先后创建了 30 多家。这样的做法使马铃薯的经济效益提高了几倍，甚至几十倍。

近年来，国际市场上的马铃薯全粉价格一直稳定。颗粒全粉的售价在国际上要比雪花全粉高 10% ~ 20%。据调查，国际市场上马铃薯颗粒全粉的离岸价约为 1 100 美元/t，马铃薯雪花全粉约为 1 000 美元/t，加上欧美各国海运到东南亚的运费，到岸价约为 1 300 美元/t，再加上海关税、增值税、其他费用及经营公司利润，进口全粉的国内售价在 20 000 ~ 24 000 元/t。

据统计，我国每年至少有 10% ~ 15%以上的马铃薯因不良储运管理及病理造成腐烂，经济损失之巨大难以估量。马铃薯全粉加工中，鲜薯与全粉比约 6∶1，就地生产可从根本上解决储藏和运输造成的损失。因此，马铃薯全粉生产是综合开发利用我国巨大马铃薯资源的有效途径。

第三节　马铃薯颗粒全粉与雪花全粉的生产工艺

一、马铃薯颗粒全粉的生产工艺

马铃薯颗粒全粉是将马铃薯经过清洗、去皮、蒸煮后经过干燥而得到的细小颗粒状产品。这种形状是在工艺过程中，特别是在回填拌粉制粒、干燥等阶段逐步形成的。其加工原则是：马铃薯的营养价值不应在加工过程中受到过多破坏，特别是尽量避免细胞受到损害，使天然营养价值和化学成分应尽可能保留。为了减少细胞破裂，在颗粒全粉的加工过程中，特别是拌粉制粒工序，设备对马铃薯的机械动作应特别圆滑、轻柔，避免机械硬性的操作加工（例如强力挤压等）。这需要多道相对复杂的工序完成。目前国外主流生产工艺是采用“回填”法。其工艺流程如下：

原料→清洗→蒸汽去皮→干刷脱皮→清洗→分检→切片→清洗→漂烫→冷却→蒸煮→制泥→回填混合→筛分→调质→干燥→筛分→二次干燥→冷却→二次筛分→包装→成品

二、马铃薯雪花全粉的生产工艺

马铃薯雪花全粉是马铃薯经去皮、切片、蒸煮等工序后，采用挤出机制泥，然后被输送到滚筒干燥机将挤成糊状的物料干燥，最后再破碎、分装，得到的薄片状产品。工艺设备相对简单，其工艺如下：

马铃薯原料→去石清洗→蒸汽去皮→毛刷去皮→修整→切片→漂洗→预煮→冷却→蒸煮→制泥→干燥→破碎→包装→产品

三、马铃薯全粉的生产设备

马铃薯颗粒全粉主要采用蒸汽去皮机、切片机、预煮机、冷却器、蒸煮机、回填拌粉制粒机及沸腾流化床干燥或气流干燥等主要设备。

马铃薯雪花全粉主要采用蒸汽去皮机、切片机、预煮机、冷却器、蒸煮机、挤出制泥机、滚筒干燥机等主要设备。

有些马铃薯颗粒全粉生产线，由于回填拌粉设备存在设计缺陷，物料流速过快，无法在拌粉机内完成马铃薯的连续搅拌制粒要求，不得不增加使用挤出机来实现制泥。这样马铃薯就受到较多剪切力，造成过多游离淀粉析出，结果拌粉制粒机的实际作用变成了物料输送机，颗粒全粉生产实际变成了雪花全粉生产。

四、我国马铃薯全粉的理化指标

1. 马铃薯颗粒全粉的理化指标

性状：非黏性干粉状，易于溜泄、无结块部分；

散装密度：0.75 ~ 0.859 g/cm^3；

粒度：≤0.25ram；

淀粉形态：老化回生；

游离淀粉：≤4%；

水分：≤9%。

目前国内外生产和应用马铃薯颗粒全粉的大公司均采用以上指标作为企业标准的基本内容。

2. 马铃薯雪花全粉的理化指标

性状：薄片状，也可破碎为 0.3 ~ 0.8 mm 的颗粒；

散装密度：0.25 ~ 0.559 g/cm^3；

色泽：从乳白色到黄色；

淀粉形态：口化；

游离淀粉：≥4%；

水分：≤7%。

第四节　马铃薯颗粒全粉加工工艺研究

马铃薯全粉的批量生产是有效减轻鲜马铃薯的储存及运输压力，提高鲜马铃薯商品转化率的前提。针对四川省凉山州马铃薯种植的区域分布特点及地方马铃薯品种特点，四川马铃薯工程技术中心进行了小批量马铃薯颗粒全粉制备工艺的研究。研究的重点在于：

（1）简化马铃薯全粉制备工艺，以确保凉山地区就地加工马铃薯全粉的可行性。

（2）提高马铃薯颗粒全粉质量，以提升以全粉为原料的马铃薯食品的品质。

通过大量的研究及试验，笔者总结出了简化后的马铃薯颗粒全粉制备工艺，后续的马铃薯全粉食品开发研究中大量采用了该工艺所生产的颗粒全粉，不仅有效保持了鲜马铃薯风味，其加工性能尤其突出，从而大大增加了马铃薯全粉主食中全粉的添加量。

一、马铃薯颗粒全粉加工工艺研究背景

随着马铃薯主粮化进程的不断推进，马铃薯全粉不仅成为多种湿制（糊、泥）、油炸、膨化、添加剂、调味剂等多种食品加工行业的主要原料，更以相当的比例进入粮食产品中成为主粮。马铃薯全粉具有风味好、营养损失少、质量稳定性好、加工方便等优点，因此作为基本原料被广泛用于食品的加工，如马铃薯饼、薯条、食品添加剂等。更重要的是：马铃薯蛋白质营养价值高，可消化性好，易被人体吸收，其品质与动物蛋白相近，可与鸡蛋媲美。目前国内外多项研究致力于将马铃薯全粉以足够的比例（主要原料）加入粮食产品中，使其成为主粮。

与雪花全粉相比，马铃薯颗粒全粉更好地保持了细胞的完整性，从而更

好地保护了马铃薯的风味物质，因此颗粒全粉再复水后能更好地呈现出新鲜薯泥的性状。传统马铃薯颗粒全粉生产工艺为：

原料→清洗→蒸汽去皮→干刷脱皮→清洗→分检→切片→清洗→漂烫→冷却→蒸煮→制泥→回填混合→筛分→调质→干燥→筛分→二次干燥→冷却→二次筛分→包装→成品

国内多项研究也加入了微波干燥工艺。然而复杂的工艺流程决定了颗粒全粉生产的设备投资及耗能过高，产品价格居高不下，成为阻碍马铃薯主粮化进程的主要原因。该研究在传统马铃薯颗粒全粉生产工艺的基础上，在保证全粉质量的前提下，对制粉工艺进行改良、简化。

研究通过正交试验研究马铃薯全粉的制备工艺，结合全粉的理化和功能特性，确定最佳的马铃薯全粉加工工艺条件。研究结果能为马铃薯加工业提供工艺参考，并为以马铃薯全粉为原料的后续产品研发提供依据。

二、研究采用的试验材料、仪器设备

研究所用马铃薯品种为青薯 1 号，广泛种植于四川省凉山彝族自治州。所需仪器设备主要包括：狮牌商用电器有限公司生产的多功能切片机；上海一恒科学仪器有限公司产品电热鼓风干燥箱 DHG-9245A，输入功率 2 450 W；永康市群华五金配件厂出品的万能高速粉碎机粉碎机 DELI-500A。

三、马铃薯颗粒全粉制备工艺简化思路

从以上马铃薯颗粒全粉传统加工工艺流程可知，传统马铃薯颗粒全粉生产工艺复杂，工序繁多，从而使得马铃薯颗粒全粉生产过程中设备、能源、人工投入大，产品成本升高。要让马铃薯颗粒全粉成为马铃薯粮食产品加工的主要原料，必须对其加工工艺实现有效简化，成功将马铃薯颗粒全粉成本降低到与传统粮食相近，才能实现马铃薯颗粒全粉在粮食产品加工中的推广应用。

马铃薯颗粒全粉传统加工工艺中，主要的工序包括：清洗、去皮、切片、蒸煮、干燥、粉碎。相同工序重复进行使得工艺增长和复杂化。例如，在传统马铃薯颗粒全粉加工工艺中，清洗需要进行三次，目的是为了保证产品的洁净程度，然而适当将设备进行改造，去皮及切片后的清洗工序可以在去皮及切片过程中同步完成，从而简化工艺。后端的干燥、粉碎工艺环节类似，提高设备的可控性，使得产品在一次加工后即可获得所需性能，便可省略后续二次相同工序。如烘干机，采用温度、湿度、烘干时间、烘干方式均可精

确控制的烘干设备，使蒸煮后的马铃薯片水分含量、硬度、脆性达到粉碎要求，一次烘干即可。粉碎工序则应根据需要选择适当粉碎能力，产品粒度均匀的粉碎机，省去筛分工序，从而简化工艺流程。

综上所述，马铃薯颗粒全粉加工工艺简化着眼于保留制备马铃薯颗粒全粉的主体工序，保证每一工序的加工质量，从而省略重复工序。由此，将马铃薯颗粒全粉制备工艺简化为：

马铃薯→清洗→机械去皮→切片→蒸煮→热风干燥→粉碎→全粉产品

四、正交实验优化马铃薯颗粒全粉制备工艺参数

马铃薯经过清洗、去皮、切片、蒸煮、干燥、粉碎可制成马铃薯全粉。其中马铃薯切片厚度、蒸煮时间、蒸煮与切片顺序、干燥温度、干燥时间均可不同程度地影响全粉的品质。为确保简化马铃薯颗粒全粉生产工艺满足全粉质量要求，研究主要通过以下工艺进行全粉制备，并通过正交试验，确定最优的工艺参数。

（1）马铃薯清洗：机械去皮 2 mm，根据切片需要，调节切片机切片厚度进行切片。切片厚度影响马铃薯薯片水分的散失、干燥的时间及薯粉的感官品质。切片太厚，薯片不易烘干，水分的存在会使薯片滋生细菌，霉变；切片太薄，蒸煮过程中，片易碎，干燥过程中易焦化褐变，同时影响全粉品质。设 3 mm、6 mm、8 mm 三个厚度进行试验。

（2）蒸煮：蒸煮时间影响马铃薯褐变程度及全粉品质。解决细胞的破碎是生产中的技术关键，对于全粉加工至关重要，其中涉及细胞结构的复杂变化和一系列的生化反应。马铃薯分生粉和熟粉，两者在理化与功能特性上有着明显的不同。有研究表明，热学性质方面，生粉比熟粉更难以糊化，且熟粉有较高的吸水能力，但吸油能力、起泡能力等较生粉差。实验主要研究熟粉制粉工艺，前期试验表明，切片厚度 8 mm，煮 3 min，即可制得熟粉，时间若过长则片易碎。因此蒸煮时间设 3 min、5 min、10 min 三个水平进行试验。

（3）干燥：由于马铃薯属高含糖量的热敏性物料，长时间的受热时，内部的还原糖会与蛋白质等发生焦糖反应，从而使原料产生非酶褐变，影响产品品质。研究采用热风干燥方式，研究发现热风干燥对马铃薯干燥状态有明显影响。马铃薯片热风干燥后外观形貌如图 2-1 所示。

（a）

（b）

（c）

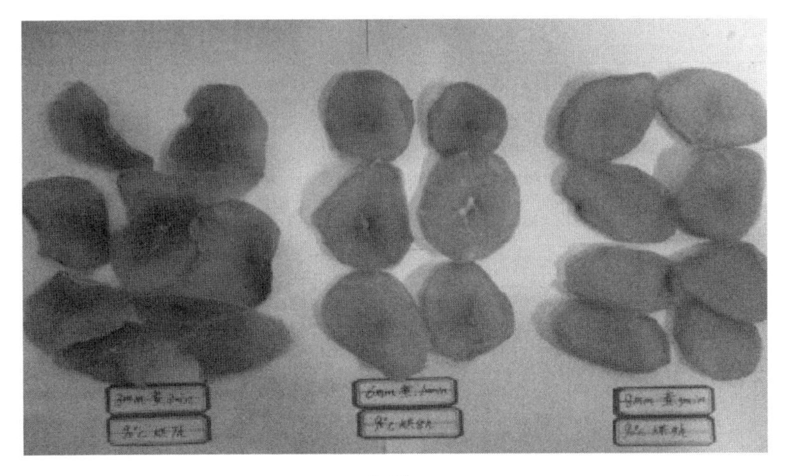

（d）

（a）、（b）、（c）、（d）分别为不同切片厚度在 60 °C、70 °C、80 °C、90 °C 下干燥后的外观形貌

图 2-1　马铃薯片热风干燥后外观形貌

从图 2-1 可以明显看出，马铃薯薯片在不同温度下干燥后，薯片的外观有明显的不同。随着试验温度的升高，薯片颜色由浅变深。经 60 °C 干燥后，三组薯片未完全变干，仍有一些水分存在。部分样品已变质，有异味，表面有黏稠的白色丝状物出现。马铃薯干燥初期，近表面水分较少，干燥较快。干燥时间大部分用于除去薯片最后的含水量。干燥温度较低，薯片较厚，很容易引起变质。

马铃薯在 4 个温度下干燥，通过水分蒸发情况，可以看出：（1）在干燥初期，马铃薯水分减少较快，干燥速率随着水分含量减少而降低；（2）随着温度的升高，马铃薯干燥速率增大；（3）随着切片厚度增大，马铃薯干燥速率减少；（4）干燥温度越高，时间越长，马铃薯边缘易褐变，且褐变面积变大。

提高温度可以打破吸附于食品的水分的束缚，除去内部剩余的少量水分。但温度升高 10 °C，美拉德反应加快 3～5 倍，对马铃薯色泽、营养会产生不良影响。综合上述因素，干燥温度设为 70 °C、80 °C、90 °C 三个水平，干燥时间设 7 h、8 h、9 h 三个水平。

综合上述条件，为获得干燥时间较短，马铃薯粉色泽质地良好的制粉工艺，在切片厚度、蒸煮时间、热风干燥温度、时间四个因素三个水平下进行 L9（34）正交试验。正交试验设计见表 2-1。设经热风干燥后的马铃薯片在粉碎机中粉碎 3 min，过 60 目筛得马铃薯全粉。

表 2-1 马铃薯全粉加工正交试验表

试验号	A：切片厚度/mm	B：蒸煮时间/min	C：热风干燥温度/°C	D：热风干燥时间/h
1	3	3	90	7
2	3	5	70	8
3	3	10	80	9
4	6	3	70	9
5	6	5	80	7
6	6	10	90	8
7	8	3	80	8
8	8	5	90	9
9	8	10	70	7

五、马铃薯颗粒全粉的品质测试及分析

据了解，目前还没有统一的马铃薯全粉国际质量标准，各个国家、地区、公司都有自己不同的标准。其中，由不同品种的马铃薯制备得到的颗粒粉理化指标会有较大区别，因此用一个标准做出统一的规定，不是很合理。但各质量标准，基本都包括以下 4 部分，即感官标准、理化标准、卫生标准和食品添加剂标准。通过参考《马铃薯雪花全粉国内贸易行业标准》（SB/T10752—2012）及科研单位、企业的一般标准，采用表 2-2 指标作为评价马铃薯全粉的依据。

表 2-2 马铃薯全粉行业标准

感官要求		理化指标	
项目	指标	项目	指标
色泽	色泽均匀	游离淀粉率	≤4.0%
气味	具有该产品的气味	水分（以干基计）	≤9.0%
组织状态	呈干燥、疏松的雪花片状或粉末状、无结块，无霉变	灰分	≤4.0%
杂质	无肉眼可见的外来杂质	还原糖含量	≤3.0%

通过分析全粉的理化性质，结合马铃薯全粉感官特性，得出最佳的制粉工艺。

1. 理化指标检测方法

（1）马铃薯全粉游离淀粉率的检测方法：按照土豆颗粒全粉中自由淀粉的测定方法中游离淀粉含量的测定方法进行测定。

（2）马铃薯全粉中还原糖含量的测定方法：按照《食品中还原糖的测定》（GB/T 5009.7—2008）规定的方法进行测定。

（3）马铃薯全粉中 VC 含量的测定方法：按照《水果、蔬菜维生素 C 含量测定法（2, 6-二氯靛酚滴定法）》（GB 6195—1986）规定的方法进行测定。

（4）马铃薯全粉中水分含量的测定方法：按照《淀粉水分测定烘箱法》（GB/T 12087—2008）规定的方法进行测定。

（5）马铃薯全粉中灰分含量的测定方法：按照《淀粉灰分测定》（GB/T 22427.1—2008）规定的方法进行测定。

2. 能耗计算方法

采用热风干燥时，机器恒温运转条件下，功率一定（2 450 W），那么可以认为能耗只和干燥时间有关。采用以下公式计算能耗：

能耗=功率×时间

六、试验结果与分析

1. 马铃薯颗粒全粉品质分析

由正交试验获得 9 组不同的马铃薯全粉，其化学成分见表 2-3。表 2-3 所采用的测试指标是依据目前国内外企业生产马铃薯粉采用的企业标准而选用的分析指标。从表中可以看出，不同加工方式制成的马铃薯全粉在理化性质上略有不同。参考表 2-2，9 组马铃薯全粉大都满足行业标准要求。马铃薯全粉中游离淀粉含量的多少是全粉质量的一项重要指标，它表明马铃薯细胞被破坏的程度。游离淀粉率高，则表明细胞被破坏程度大。薯粉加工过程中大都存在游离淀粉率高，黏度过大等问题，细胞破碎过大会导致营养和风味物质流失严重。由于在干燥过程中，马铃薯内部还原糖与蛋白质等会发生美拉德反应，产生非酶褐变，故还原糖的含量是影响马铃薯全粉加工色泽的一个重要指标。维生素 C 主要存在于蔬菜、水果中，人体不能合成。土豆中含有多种维生素，其中维 C 含量比较多，它是马铃薯全粉重要的营养成分。水分的高低影响马铃薯的保存，水分含量低，马铃薯全粉能够较长时间地保存。灰分标示食品中无机成分总量的一项指标，代表食物中矿物质成分。从营养学角度来说，一般灰分越多，则粉的矿物质含量越多。而在面粉加工生产中，则要求尽量降低灰分含量。一般来讲，灰分越低面粉加工精度越高，生产高等级面粉则要求灰分低于 0.70%。

应用极差分析法处理后的结果见表 2-3，从极差分析结果可以看出，切片厚度、蒸煮时间、热风干燥温度及时间这 4 个因素对马铃薯全粉的游离淀粉率、水分及其他 3 个指标都有一定影响。从极差分析可以看出，影响全粉游离淀粉率的因素主次顺序依次为 B→A→D→C，选取最优处理组合为 B3A1D1C3；影响水分的因素主次顺序依次为 C→D→B→A，选取最优处理组合为 C1D2B1A3；同理可得影响灰分、还原性糖、维生素 C 含量的最优因素组合分别为 C1A1D3B3、B3D1A2C1、A3D1B1C2。通过上述不同加工条件对全粉 5 项指标影响结果的极差分析，可以看出：A 因素即切片厚度对维生素 C 含量影响最显著，此时选取 A3，但取 A3 时，游离淀粉率和还原性糖的含量均较高，但是切片厚度对还原性糖这一指标为次要影响因素，因此从全粉营养价值考虑选 A3；因素 B 即蒸煮时间对游离淀粉率和糖类含量的影响最显著，且对其他 3 个指标均是次要因素，选取 B3；因素 C 即热风干燥温度主要影响全粉中水分和灰分含量，且对其他 3 个指标均是次要因素，选取 C1；因素 D 即热风干燥时间，选取 D1 均可改善游离淀粉率、糖分、维生素 C 含量，因此选取 D1。

综上所述，为提高全粉粉质理化特性，最优组合为 A3B3C1D1，即切片厚度 8 mm，蒸煮 10 min，热风干燥温度 90 °C，干燥时间 7 h。

表 2-3　马铃薯全粉的理化性质分析

试验号	颗粒大小/mm	游离淀粉率/%	水分/%	灰分/%	还原糖含量（以葡萄糖计）/（g/100 g）	维生素 C 含量/（mg/100 g）
1	<0.25	3.25	7.00	2.33	0.24	27.55
2	<0.25	3.53	7.56	3.14	1.67	15.31
3	<0.25	2.34	7.50	2.01	0.56	8.16
4	<0.25	4.35	7.86	3.89	0.59	23.47
5	<0.25	3.73	7.90	3.95	0.50	24.49
6	<0.25	3.33	6.25	2.06	0.36	19.39
7	<0.25	4.20	6.40	3.34	0.92	31.63
8	<0.25	4.88	6.80	2.23	1.11	22.45
9	<0.25	3.14	7.88	3.84	0.53	34.69
	R_A	1.03	0.33	0.81	0.37	12.59
	K_{A1}	9.12	22.06	7.48	2.47	51.02

续表

试验号	颗粒大小/mm	游离淀粉率/%	水分/%	灰分/%	还原糖含量（以葡萄糖计）/（g/100 g）	维生素C含量/（mg/100 g）
	K_{A2}	11.41	22.01	9.90	1.45	67.35
	K_{A3}	12.22	21.08	9.41	2.56	88.78
	R_B	1.11	0.33	0.55	0.79	6.80
	K_{B1}	11.80	21.26	9.56	1.75	82.65
	K_{B2}	12.14	22.26	9.32	3.28	62.24
	K_{B3}	8.81	21.63	7.91	0.92	62.24
	R_C	0.40	1.08	1.42	0.36	3.06
	K_{C1}	11.46	20.05	6.62	1.71	69.39
	K_{C2}	11.02	23.30	10.87	2.79	73.47
	K_{C3}	10.27	21.80	9.30	1.98	64.29
	R_D	0.48	0.86	0.66	0.56	10.88
	K_{D1}	10.12	22.78	10.12	1.27	86.73
	K_{D2}	11.06	20.21	8.54	2.95	66.33
	K_{D3}	11.57	22.16	8.13	2.26	54.08

七、最优工艺条件试验验证

通过对正交试验的极差分析，可知正交试验的理论最优条件为A3B3C1D1，即切片厚度 8 mm，蒸煮 10 min，热风干燥温度 90 °C，干燥时间 7 h。这一条件在试验中没有出现，须经过试验检验，试验结果见表 2-4。

表 2-4　理论最优条件下所得全粉品质分析

试验号	颗粒大小/mm	游离淀粉率/%	水分/%	灰分/%	还原糖含量（以葡萄糖计）/（g/100 g）	维生素C含量/（mg/100 g）
10	<0.25	3.27	6.89	2.03	0.55	30.45

由试验结果可知，最优条件下所得马铃薯全粉除还原糖含量较高外，其他指标较优于正交试验各组合。这说明，理论分析值可信。

根据表 2-2，从表 2-5 中可以看出，由 9 种不同工艺得到的马铃薯粉大都满足行业标准要求。从感官特性可以看出，2 号、3 号、4 号、5 号、10 号这五种粉颜色均匀且呈现乳白色，较好得满足粉的烹饪制作方面对其颜色的要求。可见最优条件下制得的马铃薯全粉在感官特性上较好地满足要求。

为了进一步分析不同工艺的经济性，从能耗方面对不同工艺进行对比分析。在制粉工艺中，能耗主要发生在薯片干燥过程中。从表 2-5 中可以明显看出，1 号、5 号、9 号、10 号工艺耗能最低。

表 2-5　马铃薯全粉感官特性及不同制粉工艺能耗分析

试验号	切片厚度/mm	蒸煮时间/min	热风干燥温度/°C	热风干燥时间/h	感官特性		能耗/(kW·h)
					色泽	颗粒感	
1	3	3	90	7	色泽均匀，黄中略红	粉粒感（较细）	17.15
2	3	5	70	8	色泽均匀，乳白色粉末	粉质感	19.60
3	3	10	80	9	色泽均匀，乳白色粉末	粉质感	22.05
4	6	3	70	9	色泽均匀，乳白色粉末	粉粒感	22.05
5	6	5	80	7	色泽均匀，乳白色粉末	粉粒感（较细）	17.15
6	6	10	90	8	色泽均匀，米黄色粉末	有一定粉粒感（较细）	19.60
7	8	3	80	8	色泽均匀，黄中带红	粉粒感（较细）	19.60
8	8	5	90	9	色泽均匀，米黄色粉末	粉粒感（较细）	22.05
9	8	10	70	7	色泽均匀，米黄色粉末	粉粒感较细）	17.15
10	8	10	90	7	色泽均匀，乳白色粉末	有一定粉粒感（较细）	17.15

八、结　论

通过在切片厚度、蒸煮时间、热风干燥温度、时间四个因素三个水平下进行 L9（34）正交试验，并对各组试验所得全粉进行理化性质分析，得出最佳的工艺条件为：切片厚度为 8 mm，蒸煮 10 min，热风干燥温度 90 °C，干燥时间 7 h。

综合比较不同制粉工艺条件下全粉理化指标、感官指标及能耗情况，可以知最优工艺条件下所得马铃薯粉理化指标均达到行业标准，且较优于其他各组合。使用该简化工艺生产马铃薯颗粒全粉的效率为：1 000 g 马铃薯（生产总成本 2.0 元）产粉 240 g，即全粉成本为 8.3 元/kg，远低于进口马铃薯全粉价格 13 元/kg。因此该技术的推广能从根本上解决马铃薯全粉国产化，推进其主粮化进程。马铃薯全粉中营养物质维生素 C 含量高；色泽均匀、呈乳白色、有马铃薯香，粉较细、有粉粒感。预测值与实际值基本一致，预测条件与实际情况较符合。

该研究结果在马铃薯颗粒全粉制作工艺简化方面取得了突破性进展，主要体现在：

（1）马铃薯颗粒全粉制备工艺极大简化，生产线有效缩短，生产效率大大提高。与传统马铃薯颗粒全粉生产工艺相比，简化工艺生产马铃薯颗粒全粉加工时间缩短了近三分之一。

（2）同时该简化工艺最大的价值还体现在马铃薯颗粒全粉生产线的缩短，这就为小型马铃薯颗粒全粉生产线的设计、研发和推广提供了可能。基于该马铃薯颗粒全粉简化加工工艺的小型马铃薯颗粒全粉生产线在设备数量、设备体积、操作工数量、生产线成本方面大幅度减小。对于类似四川省凉山州这样的马铃薯种植区而言，种植面积大，但相对分散，且地势复杂，完全不适合大型马铃薯全粉生产线的投入使用。而基于简化马铃薯全粉加工工艺设计的小型马铃薯颗粒全粉生产线可广泛应用于最接近马铃薯种植区的乡镇，年产能力不高，只需要 20 t 左右，就地加工一定区域的鲜马铃薯，从而让农户在鲜马铃薯收获后立即销售，减轻其运输及储存压力，获得稳定的经济收入，尽快脱贫致富。

（3）马铃薯颗粒全粉产品成本的大幅度降低。马铃薯全粉价格居高不下一直是影响全粉主粮产品推广，进而影响马铃薯主粮化进程的主要因素。例如人们习惯了 1 元一个的小麦馒头，要接受 2 元一个的马铃薯全粉馒头，难度非常大。通过马铃薯颗粒全粉简化制备工艺研究，将马铃薯颗粒全粉的成本降低至 8.3 元/kg，虽然仍高于小麦粉成本，但已经比进口全粉的 13 元/kg 降低了很多。就马铃薯全粉馒头而言，其价格可降低至 1.2 元一个，0.2 元/个的价格差异对于越来越追求健康生活的消费者来说，是比较容易接受的。从这一方面，可以说马铃薯全粉简化制备工艺极大地推进了马铃薯主粮化进程。

（4）简化马铃薯颗粒全粉制备工艺完全能保证产品质量。四川马铃薯工程技术中心后续马铃薯全粉主食加工工艺研究所使用的颗粒全粉，均采用该简化加工工艺制备而成。不仅能保证马铃薯全粉粮食产品质量，在全粉的加工性能方面，甚至优于传统马铃薯颗粒全粉加工工艺生产的全粉产品。

第五节　不同加工工艺马铃薯颗粒全粉品质质量研究

影响马铃薯颗粒全粉品质质量的因素较多，该研究主要选择了对马铃薯颗粒全粉在主粮食品生产中的加工性能影响较大的碘蓝值、淀粉含量、吸水能力、吸油能力和溶解度等因素为研究目标，分析四川马铃薯工程技术中心研究出的简化马铃薯颗粒全粉制备工艺中蒸煮与打浆环节各项工艺参数对马铃薯全粉品质的影响规律，从而优化马铃薯颗粒全粉加工工艺及其参数。

马铃薯颗粒全粉品质质量研究对马铃薯主粮化战略有重大意义。首先，马铃薯全粉品质因素是马铃薯颗粒全粉分类依据。例如碘蓝值，即马铃薯颗粒全粉中游离淀粉的含量的多少，取决于全粉制备过程中细胞的破坏程度，其数值越高，说明细胞破坏越多，因此游离淀粉数量越多。碘蓝值决定了全粉产品对马铃薯风味的保持程度，数值越低，马铃薯细胞保持越完好，因而产品越能保持马铃薯风味。不同马铃薯粮食产品对碘蓝值要求不同，例如马铃薯面条、米糊等，侧重于添加高比例马铃薯全粉的同时保持其感官及物理性能，全粉碘蓝值的要求不是最重要的因素。但是对于薯条，全粉面包等风味小吃而言，消费者购买的就是食品的马铃薯风味，因此必须使用碘蓝值低的马铃薯颗粒全粉产品。由此可见，有必要根据碘蓝值将马铃薯全粉产品进行分类，形成完整碘蓝值系列的全粉产品，以备加工不同的马铃薯全粉粮食产品时准确选用。

同样，马铃薯颗粒全粉的吸油能力、吸水能力、溶解度及总淀粉含量均可单独或综合成为马铃薯颗粒全粉分类的指标。吸油能力强的马铃薯全粉较适合用作油脂含量高的粮食产品原料；吸水能力和溶解度则决定了马铃薯颗粒全粉作为主要原料生产全粉粮食产品的工艺性；总淀粉含量决定了马铃薯颗粒全粉的营养价值及风味。

由此可见，马铃薯全粉作为生产马铃薯粮食产品的主要原料，不同的场合对其品质质量有着不同的要求，因此，马铃薯全粉产品必须实现标准化、系列化。其依据就是马铃薯质量因素，根据马铃薯粮食产品的加工或质量要求对全粉品质因素进行适当整合，形成马铃薯颗粒全粉的分类标准，按照标准生产系列马铃薯颗粒全粉产品，以确保马铃薯粮食产品原料选用准确且产品质量稳定。

四川马铃薯工程技术中心在进行不同加工工艺对马铃薯颗粒全粉品质质量影响研究中，考虑了马铃薯颗粒全粉的护色。众所周知，马铃薯全粉加工过程中存在产品黑化的问题，而全粉产品的色泽直接影响制成的马铃薯全粉粮食产品的感官特性。护色最有效的手段就是减少全粉生产过程中马铃薯与空气的接触，因而采用在密闭容器内对蒸煮或未蒸煮过的马铃薯进行打浆来替代切片工序，效果良好。

一、研究项目简介

随着马铃薯主粮化进程的不断推进马铃薯全粉不仅成为多种湿制（糊、泥）、油炸、膨化、添加剂、调味剂等多种食品加工行业的主要原料，更以相当的比例进入粮食产品中成为主粮。马铃薯全粉具有风味好、营养损失少、质量稳定性好、加工方便等优点，因此被用作基本原料广泛用于食品的加工，如马铃薯饼、薯条、食品添加剂等。更重要的是：马铃薯蛋白质营养价值高，可消化性好，易被人体吸收，其品质与动物蛋白相近，可与鸡蛋媲美，是全球重要的粮食作物。目前国内外多项研究致力于将马铃薯全粉以足够的比例（主要原料）加入粮食产品中，使其成为主粮。

与雪花全粉相比，马铃薯颗粒全粉更好地保持了细胞的完整性，从而更好地保护了马铃薯的风味物质，因此颗粒全粉再复水后能更好地呈现出新鲜薯泥的性状。简化后的马铃薯颗粒全粉制作工艺如下。

马铃薯→清洗→机械去皮→切片→蒸煮→热风干燥→粉碎→全粉

研究在目前马铃薯全粉加工工艺的基础上，提出了以下两种护色方法的工艺流程，如图 2-2 所示。

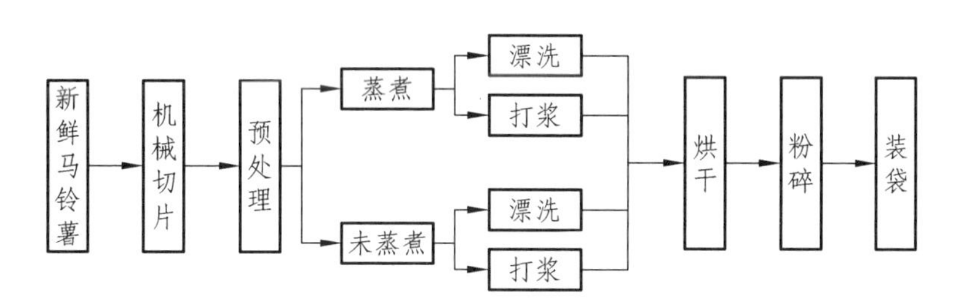

图 2-2 马铃薯全粉制作工艺流程

其中机械切片厚度在 10 ~ 15 cm；预处理是采用 2% 盐溶液浸泡 1 h，蒸煮时间为 15 min。蒸与未蒸煮后的马铃薯片或浆在 120 °C 下烘 1 h 后再转到 90 °C 下烘 5 h 再在 70 °C 下烘至干燥。

通过正交实验研究制粉工艺中蒸煮及打浆环节对马铃薯全粉的质量因素即碘蓝值、淀粉含量、吸水能力、吸油能力和溶解度等的影响，从而提升马铃薯颗粒全粉质量并优化制粉工艺。

二、试验材料与方法

（1）材料：马铃薯采用在四川省凉山州广泛种植的品种“凉薯 17”。

（2）主要仪器设备：切丝切片机（型号：YQS660，山东济南）；马铃薯脱皮机（型号：TP-450，山东济南）；电热鼓风恒温干燥箱（型号：CH101-4B，江苏盐城）。

三、各项影响因素分析方法

1. 碘蓝值

取 2 个 50 mL 容量瓶做平行实验，加蒸馏水至近刻度，65.5 °C 预热并定容至刻度；准确称量 0.25 g 样品于 100 mL 锥形瓶中，倒入预热并定容的 50 mL 蒸馏水，保持 65.5 °C，搅拌 5 min，静置 1 min 后过滤。滤液保持 65.5 °C 并趁热吸取 1 mL 于 50 mL 显色管中，加 0.02 mol/L 碘标准溶液 1 mL，定容至刻度，同时取 0.02 mol/L 碘标准溶液 1 mL，定容至 50 mL。以试剂空白对照，以试剂空白调零点，测定样品在波长 650 nm 处吸光度 A。碘蓝值按式（2-1）计算。

$$\text{碘蓝值}=A_{650\text{nm}}\times 54.2+5 \tag{2-1}$$

2. 吸油能力

称取 5.0 g 样品于烧杯中，加入 30 mL 菜籽油，摇匀，在 100 °C 的水浴中加热 20 min，冷却静置到室温，移入离心管中，用 3 000 r/min 的转速离心 25 min，量取上清液体积 V_1（mL）。吸油量按式（2-2）计算，吸油能力以每克样品吸收油的体积表示。

$$\text{吸油能力(mL/g)}=\frac{30-V_1}{5.0} \tag{2-2}$$

3. 吸水能力

称取 1.0 g 样品于烧杯中加入 49 mL 水配成 2 g/100 mL 的溶液，在 100 °C 的水浴中加热 20 min，量取上清液体积 V_2（mL）。吸水能力按式（2-3）计算，吸水能力以每克样品吸收水的体积表示。

$$吸水能力(mL/g)=\frac{49-V_1}{1.0} \tag{2-3}$$

4. 总淀粉

采用酶水解法（GB/T 5009.9—2008）测定。

5. 溶解度测定

将 1 g 样品于 1 mL 0 刻度试管，加蒸馏水至刻度线，将上述溶液放置 1 h（每 10 min 混合一次），静置 15 min 后吸取上清液于已质量恒定的铝盒中蒸干水分称量铝盒总质量。按照式（2-4）样品的溶解度。

$$溶解度(\%)=\frac{(m_2-m_1)V}{2m}\times 100 \tag{2-4}$$

式中：m 为样品质量/g；m_1 为铝盒质量/g；m_2 为加上清液干燥后铝盒质量/g；V 为上清液体积/mL。

四、结果与讨论

根据马铃薯全粉制作工艺设计流程，将马铃薯分为漂洗蒸煮（PZ）、打浆蒸煮（JZ）、漂洗未蒸煮（PW）和打浆未蒸煮 4 个处理组。每组测出两组数据，取均值，并计算方差。实验数据如表 2-6 所示。

表 2-6　不同加工工艺对马铃薯颗粒全粉品质质量影响实验数据

处理组	碘蓝值	吸油能力/（mL/g）	吸水能力/（mL/g）	溶解度/%	总淀粉含量/（g/100 g）
JZ1	7.913 25	1.1	11.5	7.97	54.26
JZ2	7.543 23	1	13	7.87	54.61
均值	7.728 24	1.05	12.25	7.92	54.438 597 27
标准差	0.185 01	0.05	0.75	0.05	0.173 713 253
JW1	6.246 8	1.4	12	5.14	55.28
JW2	6.842 8	1.3	13.5	4.67	59.49
均值	6.544 8	1.35	12.75	4.905	57.384 335 87
标准差	0.298	0.05	0.75	0.235	2.108 401 575
PZ1	10.765 4	1.2	10	9.57	57.19
PZ2	10.596 15	1.3	11	8.75	57.76

续表

处理组	碘蓝值	吸油能力/（mL/g）	吸水能力/（mL/g）	溶解度/%	总淀粉含量/（g/100 g）
均值	10.680 775	1.25	10.5	9.16	57.476 727 71
标准差	0.084 625	0.05	0.5	0.41	0.282 454 787
PW1	10.785 85	1.1	13.5	3.74	60.08
PW2	11.143 56	1.1	15	4.15	62.50
均值	10.964 705	1.1	14.25	3.945	61.291 899 66
标准差	0.178 855	0	0.75	0.205	1.211 482 761

1. 不同加工工艺对马铃薯颗粒全粉碘蓝值的影响

马铃薯颗粒全粉中游离淀粉的含量的多少是全粉质量的一项重要指标。现行有关标准采用碘蓝值测定。碘蓝值高表明大量马铃薯细胞被破坏，从而释放出大量游离淀粉。分别测定出 4 种不同工艺制成全粉的碘蓝值如图 2-3 所示。

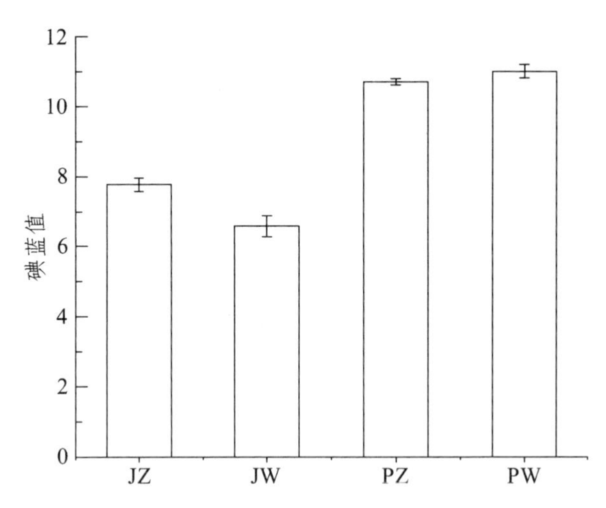

图 2-3　不同加工工艺对马铃薯颗粒全粉碘蓝值的影响

图 2-3 显示打浆未蒸煮处理组的碘蓝值最低为 6.54，极大地保持了全粉中马铃薯细胞的完整性，具有更高的营养价值。切片未蒸煮处理组碘蓝值 10.96 最高。说明打浆不易造成细胞破坏，而蒸煮工艺在加热过程中容易造成细胞壁分解溶出，从而破坏细胞。而切片未蒸煮工艺将大量支链淀粉转化为了直链淀粉，溶于水中，碘蓝值升高。其原因在于不经过蒸煮直接打浆后烘

干、粉碎所需的机械能较小，对细胞的破坏性减弱。

2. 不同加工工艺对马铃薯颗粒全粉吸油能力的影响

吸油能力的大小受蛋白质的来源、加工条件和添加剂的成分颗粒的大小和温度的影响，如含非极性尾端较多的蛋白质含量增加，则吸油能力也随着增加。吸油能力强的马铃薯全粉较适合用作油脂含量高的粮食产品原料。4种不同工艺制成全粉的吸油能力如图 2-4 所示。

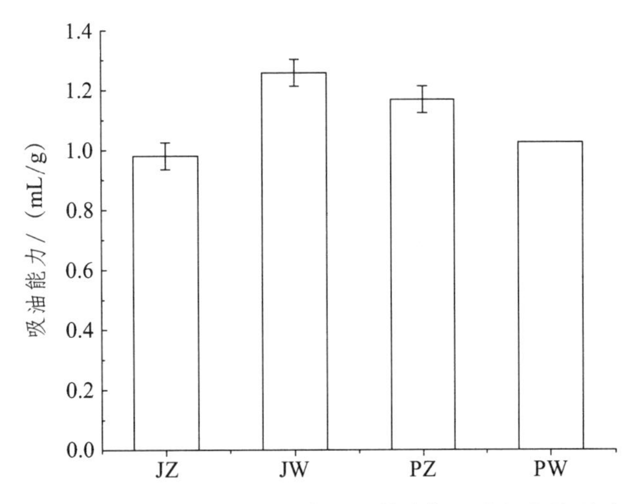

图 2-4　不同加工工艺对马铃薯颗粒全粉吸油能力的影响

图 2-4 表明打浆未蒸煮处理组的吸油能力最高，达 1.35 mL/g。打浆蒸煮处理组的吸油能力为 1.05 mL/g，最低。其原因在于蒸煮工艺对全粉中蛋白质分子的破坏较大，而在不经过蒸煮的前提下，切片工艺更易破坏全粉中蛋白质分子的结构。

3. 不同加工工艺对马铃薯颗粒全粉吸水能力的影响

持水力的差异主要是由淀粉分子内部羟基与分子链或水形成氢键和共价结合所致。羟基与淀粉分子结合的作用大于与水分子的结合，显示低的持水力，反之则显示高的持水力。马铃薯颗粒全粉糊化时，能吸收比自身重量多 400 ~ 600 倍的水分，其原因是马铃薯全粉颗粒大，结构松散，吸水膨胀力大。同时直链淀粉含量低也是吸水能力上升的原因。四种不同工艺制成全粉的吸水能力如图 2-5 所示。

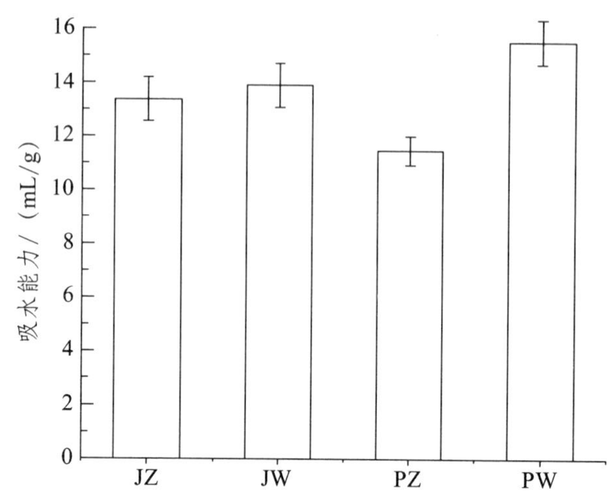

图 2-5　不同加工工艺对马铃薯颗粒全粉吸水能力的影响

图 2-5 显示吸水能力最强的是切片未蒸煮处理组，为 14.25 mL/g。切片蒸煮处理组最低为 10.5 mL/g。其原因在于切片未蒸煮工艺造成了大量游离淀粉的存在（碘蓝值最高），从而增强了全粉的吸水能力。

4. 不同加工工艺对马铃薯颗粒全粉溶解度的影响

溶解度是指全粉溶于水的能力。4 种不同工艺制成全粉的溶解度如图 2-6 所示。

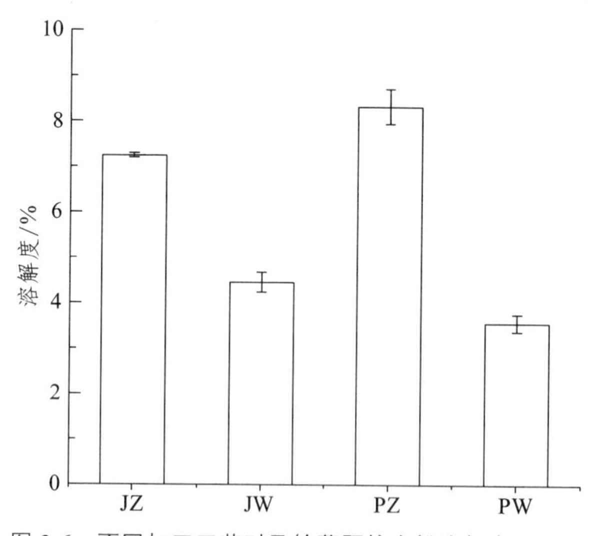

图 2-6　不同加工工艺对马铃薯颗粒全粉溶解度的影响

图 2-6 显示 4 种不同工艺制成的马铃薯全粉溶解度顺序为：切片蒸煮→打浆蒸煮→打浆未蒸煮→切片未蒸煮。说明蒸煮过程增加了淀粉的糊化程度，

从而提高了全粉的溶解度。同时溶解度与游离淀粉的含量有关，切片工艺造成了细胞的大量破坏，释放出的大量游离淀粉提高了马铃薯全粉的亲水性，提高溶解度。

5. 不同加工工艺对马铃薯颗粒全粉中淀粉总含量的影响

4 种不同工艺制成全粉的溶解度如图 2-7 所示。

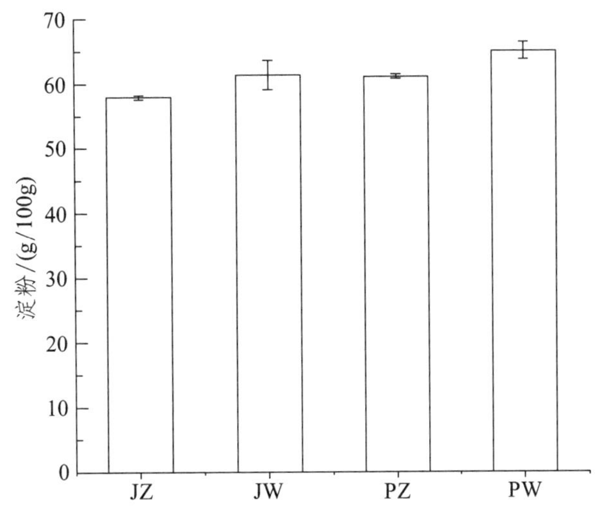

图 2-7 不同加工工艺对马铃薯颗粒全粉中总淀粉含量的影响

图 2-7 显示切片未蒸煮处理组中总淀粉含量最高，为 61.29 g/100 g。打浆蒸煮处理组中总淀粉含量最低，为 54.44 g/100 g。说明蒸煮工艺会降低全粉中总淀粉含量，而打浆与切片工艺相比较，切片工艺更有利于保持全粉中的总淀粉含量。

五、结 论

通过对以上工艺的分析和比较，得出结论如下：

（1）打浆未蒸煮工艺加工的马铃薯全粉碘蓝值最低，吸油能力最高，吸水能力及淀粉总含量均较高。全粉极大保持了马铃薯细胞的完整性，从而具有更高的营养价值；全粉的加工性能良好，能作为制作马铃薯食品的主要原料。该工艺制作全粉的唯一缺陷是亲水性不够，溶解度较低。

（2）切片蒸煮工艺加工的马铃薯全粉溶解度最高，吸水能力、吸油能力及总淀粉含量较高。全粉的加工性能良好，能作为制作马铃薯食品的主要原料。其缺陷是碘蓝值较高，全粉在保持马铃薯风味及营养价值方面不如打浆未蒸煮工艺。

第三章　马铃薯全粉面制主食加工

第一节　我国面制主食消费现状

一、我国面制主食的市场容量及产业现状分析

主食是满足人体基本能量和营养需求的主要食品，也是保证国民身体健康的基本食物。在我国的北方地区和南方地区，分别形成了面制主食和米制主食构成的主食体系。尤其是馒头、面条等面制主食是我国大部分地区，特别是北部、中西部省份一日三餐的典型主食品种。近年来，随着改革开放的深入和城市化进程加快，日常食用的主食产品逐渐由家庭自制向社会化生产转变。这一趋势不仅体现在城市，农村也是如此。资料数据显示：馒头、面条、大米等米面主食产业有着 10 000 多亿元的市场潜力；每年 7 000 多万吨的面粉消费中，主食消费占 83%以上，其中馒头占 30%，面条占 35%，面制主食的市场容量达 6 000 多亿元，有着广阔的市场需求空间（见图 3-1）。巨大的市场空间也吸引了大量社会资本的关注。

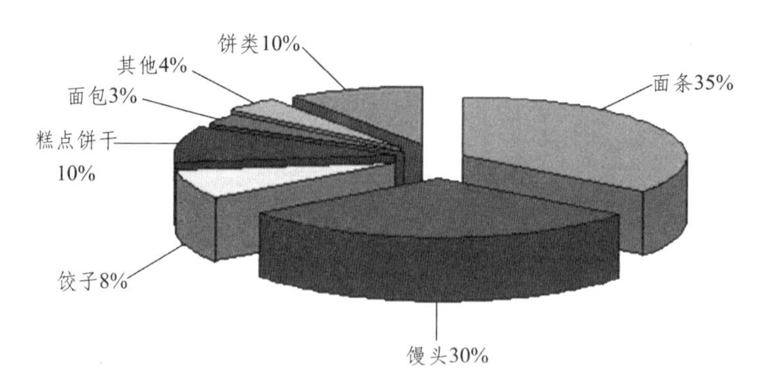

图 3-1　面制食品在流通面粉量中所占比例

二、我国地市级以上大中城市主食市场现状

目前国内地市级以上大中城市中，由于生活水平较高，食品品种日渐多样化，主食的消费绝对量也不均衡。研究结果表明：面条的消费南北方城市

相对接近，但馒头消费却相差甚远。上海平均每天33个人消费一个馒头，而北京平均每天每人消费一个馒头。

1. 面条消费市场

城市居民的面条消费中，包括主食和类主食两个方面。目前，挂面、方便面等类主食产品的工业化程度较高。挂面经过晾晒或烘干，虽然延长了保质期，扩大了流通半径，但脱水之后，活性物质失活，严重影响了口感。方便面本身属于消费升级阶段的过渡性产品，特别是近年来由于方便面的安全性、营养性日渐受到质疑，导致其自2008年以来连续多年消费量下滑。鲜湿面条是我国传统意义上的主食，也是最受消费者喜爱的面条品种。但由于种种原因未受到业内重视，缺乏系统研究，其特点是加工分散，未形成规模，以小作坊为主，设备简陋，卫生状况堪忧。目前鲜湿面条的加工设备，多是将挂面机的前端直接借用，且面条的成型方式以辊切式成型为主，面条的口感与手工擀面、刀切面和拉制成型的拉面、拉条、烩面、线面有着天壤之别。如何实现产品质量的优质化、生产过程的产业化，已经成为满足消费需求和促进产业发展的必然趋势。

2. 馒头消费市场

馒头的生产供应仍然大多依靠作坊，其经营情况与农村市场的情况相近，同样存在着主食整体质量差、食品安全难以保证等问题。与农村不同的是，城市已经出现了具备一定规模和机械化水平的主食加工厂，如北京旗舰食品集团有限公司、天津利金粮油股份有限公司、济南民天面粉有限责任公司、烟台蓝白餐饮有限公司等在全国有较强代表性的企业。这些企业虽然机械化水平有所提升，卫生状况有所改善，但是由于所用的工艺和设备均处于20世纪80年代的水平，设备只是简单复制了馒头的形状，而对决定主食特征的原料物性、工艺选择、发酵方法、面团结构及受力等影响因素指标却得不到体现。馒头的风味、口感与手工作坊相比存在差距，缺乏市场竞争力。

就全国范围看，馒头品牌还只是区域性的，流通半径较小，自身的销售网点有限，覆盖面狭小。这些企业更缺乏将自身技术和模式向其他企业进行复制的能力。研究显示：居民购买馒头等主食，多是在中午或下午下班时间，能接受的购买距离最大为600 m，所以对其购买方便性要求很高，这也是直接影响企业产品销量的重要因素之一。

三、我国主食消费需求发展趋势

近年来，随着广大居民消费观念全面改善，消费水平不断提升，消费结构逐步升级，食品消费已由过去的“温饱型”向“小康型”转变，对食品，特别是一日三餐的主食，有着更高、更具体的要求。

1. 安全卫生

众所周知的“苏丹红”“三聚氰胺”等食品安全事件的发生，特别是上海出现的“染色馒头”事件，让消费者对主食的食品安全非常关注。消费者迫切希望主食的生产过程和最终产品达到国家标准，保证安全、卫生，可以放心消费。

2. 口感风味

机制馒头、面条的口感和风味，没有手工制作的好吃，已经成为广大消费者的基本评价。消费者希望馒头能保持小麦粉特有的发酵香味，面条能解决硬脆有余、绵软不足等问题，更符合传统的食用口感。

3. 营养性

小麦粉中含有人体所需要的蛋白质、淀粉、纤维素、矿物质等各种营养成分，并且普遍高于稻米、玉米的营养价值。消费者希望食用的馒头、面条等主食，既能做到保持小麦原有的营养成分，还能做到食物种类齐全、搭配合理、营养均衡。

4. 功能性

在中国，馒头、面条等主食是人体营养和能量摄入的主渠道。消费者希望馒头、面条在充饥的同时，不仅能做到营养均衡，还能有保健、减肥、预防疾病等健康功能，让人们吃得健康。

第二节　马铃薯全粉面制主食产业化的意义

所谓马铃薯全粉面制主食，是指将马铃薯全粉作为加工传统面制主食（馒头、面条、饺子皮等）的主要原料，以大比例（≥35%）替代传统粮食（主要是小麦粉）生产面制主食（见图 3-2）。

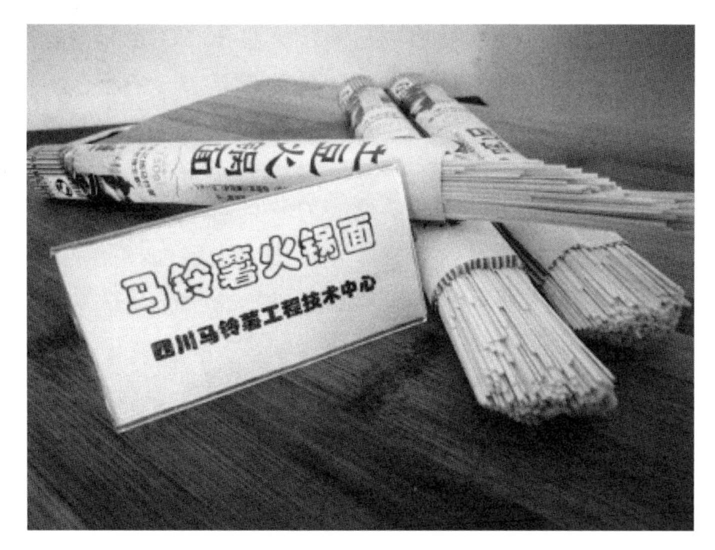

图 3-2　四川马铃薯工程技术中心马铃薯全粉面条

马铃薯全粉面制主食产业化的意义主要体现在：

一、增大主食市场对马铃薯全粉用量的需求，切实实现马铃薯主粮化

众所周知，我国是马铃薯种植大国，种植面积占全世界的 30%，总产量占世界的 1/4。然而我国马铃薯的年人均消费不到 20 kg，远远落后于世界平均水平的 35 kg。因此迄今为止，虽然中国拥有丰富的鲜马铃薯资源，但马铃薯并没有真正起到主粮的作用。

我国每年的面粉消费量为 7 000 多万吨，其中 83%用于主食消费。其中如果用 35%的马铃薯全粉替代小麦粉，每年可节约传统主粮 2 000 万吨左右。而 2 000 万吨马铃薯全粉意味着 1 亿吨鲜马铃薯需求，这已经是目前我国马铃薯的年总产量。如此巨大的马铃薯全粉市场需求所带来的积极影响是显而易见的。

近年来，国内科研机构对马铃薯全粉的制备工艺做了大量研究，成果颇丰。就制备工艺而言，已经消除了规模化生产的瓶颈。在我国局部马铃薯主产区（如内蒙古自治区）已经实现了马铃薯全粉规模化生产。然而由于马铃薯全粉没有大规模用于粮食产品生产，其市场需求量不够，因此马铃薯全粉的生产规模一直停滞不前。我国西南的马铃薯主产区由于大多处于山区，马铃薯种植相对分散，全粉生产几乎没有起步，农户收获的鲜马铃薯依然难逃厄运：不能及时销售获取经济效益；没有科学的存储方法，任意堆放在家的过程中，产品腐烂变质而造成巨大浪费。

现代市场经济规律是显而易见的，市场需求决定了生产规模。要刺激农产种植马铃薯的积极性，增大马铃薯的人均消费量，最有效的方式就是大规模地将鲜马铃薯转化为全粉，同时让马铃薯全粉成为消费者接受的粮食产品的主要原料。对马铃薯全粉需求的扩大，可以快速激活马铃薯产业。我国机械制造及自动化水平已经很高了，研制开发马铃薯全粉生产线可以在相对较短的时间内完成，也就是说马铃薯主粮化进程中，已经扫除了加工工艺及加工设备两大障碍，只要市场需求，就可以迅速实现马铃薯全粉规模化生产，从而实现马铃薯主粮化战略。

在马铃薯全粉加工技术及质量研究的基础上，马铃薯全粉粮食产品的加工的研究重点在于将马铃薯全粉作为加工传统主粮食品的主要原料，以大比例（≥35%）替代传统粮食（主要是小麦粉）生产主粮食品。由此节约传统粮食，同时丰富主粮食品的营养价值，如马铃薯特有的蛋白质、氨基酸、抗性淀粉等。只有马铃薯主粮食品实现了规模化生产并获得市场认同，才能真正实现马铃薯主粮化。

二、改善人们的主食结构，充分发挥马铃薯的营养功能

研究表明，马铃薯是钾、镁、膳食纤维、维生素 B_6 的重要来源。20 世纪，在美国和许多欧洲国家，马铃薯一直充当主食，因为其富含膳食纤维、矿物元素和植物化学物质，为人们提供充足的能量和营养。

马铃薯的营养价值主要体现在：

1. 能量和大量元素

与其他主食相比，马铃薯一直被认为是高热量食物，其实马铃薯中的热量低于大多数主食（见表 3-1）。由焙烤的马铃薯提供的能量约是大米和面食的 20%。在被广泛食用的马铃薯食品中，超过一半的能量是由脂肪提供的。实际上除却加工过程中加入的脂肪，马铃薯本身的脂肪含量很低，仅为 0.1%，其中三分之二为不饱和脂肪酸。此外，马铃薯中的脂质也显著低于大米（0.2%）和小麦（0.9%）。与大米、小麦、玉米相比，马铃薯中的蛋白质含量最低，在鲜薯中的平均含量仅为 1%～1.5%。玉米中的蛋白质含量最高，为 8.7%，小麦和大米分别为 5.8% 和 2.4%。然而马铃薯蛋白质的生物价高达 90～100，与全蛋蛋白质（100）很类似，比黄豆（84）和其他豆科植物高。对于马铃薯是否满足人体对蛋白质的需求这一问题，东欧曾在 20 世纪 90 年代进行了深入的研究。Kon and Klein 证实了以马铃薯为基础的饮食可以维持成人体内的氮平衡，但是马铃薯蛋白质促进人体生长发育的能力仍然受到质疑。1981 年，

Lopez 在研究以马铃薯为主的饮食对秘鲁儿童重度营养不良的恢复实验表明，含有 50%的马铃薯饮食容易被接受，而含有 84%的马铃薯饮食维持一段时间则不被接受。马铃薯可以为正在生长的儿童提供 50% ~ 75%的人体所需能量、80%的氮需求，同时可以保持儿童的正常人血白蛋白浓度。因此，长期食用马铃薯蛋白可以维持营养不良儿童的生长，同时可以维持成年人的体重和体内的氮平衡。

表 3-1 马铃薯和其他主食营养成分比较

食物/100g	能量/kcal	蛋白质/g	脂肪/g	碳水化合物/g	膳食纤维/g
烘烤带皮马铃薯	94	2.10	0.15	21.08	2.1
其他被加工过的富含小麦的主食	158	5.80	0.93	30.86	1.8
加工过的全麦	124	5.33	0.54	26.54	4.5
加工过的谷物及全麦	62	2.00	0.40	13.70	1.6
加工过的精米	130	2.38	0.21	28.59	0.3
加工过的糙米	112	2.32	0.83	23.51	1.8
加工过的玉米	71	1.71	0.46	14.76	0.8
生木薯	160	1.36	0.28	38.06	1.8
加工过的黄豆	173	16.64	8.97	9.93	6.0
加工过的马铃薯甘薯	90	2.01	0.15	20.71	3.3

研究表明，赖氨酸、蛋氨酸、苏氨酸和色氨酸限制了人体对于混合食物中蛋白质的摄取。因此，马铃薯的氨基酸得分可以通过比较这些氨基酸在马铃薯中的水平来确定（见表 3-2）。对于这 4 种必需氨基酸，马铃薯中的含量均超过推荐值，而且与小麦、大米和全谷物麦片相比，马铃薯满足了赖氨酸的推荐值，但是马铃薯中的含硫氨基酸（甲硫氨酸和蛋氨酸）比其他主食少。目前科学家们正在研究高含硫氨基酸的马铃薯转基因品种，导入苋菜基因 AMA1 可以提高 35% ~ 60%的总蛋白质和氨基酸含量。此外，这些转基因马铃薯具有较高的产量，马铃薯体内体外的动物实验表明，这类转基因马铃薯是安全的，目前正在印度种植。

表 3-2　马铃薯中氨基酸含量的比较　　单位：mg/g 蛋白质

氨基酸	IOM 模式	马铃薯	面食	白米	全谷物麦片
赖氨酸	51	61	22.6	36.1	28.1
蛋氨酸+甲硫氨酸	25	28.8	30.3	44.1	38.9
苏氨酸	27	36.3	35	35.7	37.6
色氨酸	7	15.5	14	11.8	7

马铃薯中的碳水化合物约占 95%，主要有直链淀粉和支链淀粉两种，一般以 1∶3 的比例出现。支链淀粉的分支结构比直链淀粉具有更高的消化率，煮熟后冷却的马铃薯比煮熟后热的马铃薯血糖指数低。

膳食纤维主要是由马铃薯细胞壁提供的，尤其是果皮增厚的细胞壁。煮熟的没有薯皮的马铃薯中含有膳食纤维 1.8%，而煮熟的带皮马铃薯中的膳食纤维含量为 2.1%。马铃薯的膳食纤维含量高于大米的 0.3%和全麦食品的 1.6%，但少于全谷物麦片的 7.3%。因此马铃薯不能被视为高膳食纤维食物，但它是一个重要的来源。通过对个人食物摄入量持续调查数据的分析表明，马铃薯为低收入女性提供了 11%的膳食纤维摄入，蔬菜和面包分别提供了 23%和 12%。高收入女性的膳食纤维摄入主要倾向于水果和蔬菜。

2. 矿物质元素和植物化学物质

马铃薯含有丰富的矿物质和植物化学物质。一个煮熟的马铃薯（100 g）可以提供 544 mg 的钾、27 mg 的镁，占每日推荐膳食中钾摄入量的 12%和镁摄入量的 7%。同时，100 g 煮熟的马铃薯还提供了 75 mg 的磷，与其他植物不同的是，马铃薯中只有少数的磷以植酸的形式存在，使得马铃薯中锌和铁的生物利用率高于同类高植酸植物（如豆类、小麦和玉米）。马铃薯中的抗坏血酸可以进一步提高铁的生物利用率。根据每日膳食推荐，100g 马铃薯可以提供铁和锌需求量的 8%和 3%，选育高锌、高铁含量的马铃薯新品种可以进一步提高。

100 g 马铃薯中含有 13 mg 的抗坏血酸，占每日推荐膳食中抗坏血酸摄入量的 14%。当然，不同的马铃薯品种中抗坏血酸的含量差异显著，同时受烹饪方式的影响较大。烤马铃薯和微波加热马铃薯的抗坏血酸含量是煮马铃薯和油炸马铃薯的 2 倍。

马铃薯也是维生素 B_6 的重要来源，100 g 马铃薯中约含有 0.2 mg 维生素 B_6，占每日推荐膳食中维生素 B_6 摄入量的 15%。美国健康和营养调查（NHANES）

2003—2006 年的数据分析表明，马铃薯为儿童和青少年提供了 14%～18%的维生素 B_6 摄入量；欧洲癌症与营养前瞻性调查发现，马铃薯是维生素 B_6 的主要来源；英国和荷兰的数据表明，马铃薯为他们提供了 17%的维生素 B_6 摄入量。

马铃薯也是植物化学物质的重要来源，鲜重 150 g 马铃薯的总酚的抗氧化能力相当于 124.5 mg 维生素 C 的抗氧化能力。马铃薯中的酚酸和多酚成分对人类的健康起到了重要作用。

三、充分发挥马铃薯的健康功能

近年来，有关马铃薯与肥胖病、糖尿病有关的报道增多。2011 年，Mozaffarian 团队研究发现，体重的变化与薯片、薯条、碳酸饮料和未加工或加工的肉类的摄入量显著相关。Bistrian 团队指出，马铃薯与体重之间并没有因果关系，薯条、薯片中一半的卡路里来自于外加的脂肪，这更有可能是体重增加的元凶。迄今为止，还没有马铃薯在减肥上的实验开展。关于马铃薯消费与 2 型糖尿病的相关性研究，Halton 团队的结论是：在肥胖症妇女人群，马铃薯替代全谷物类食品，患 2 型糖尿病的风险增加 30%，但在非肥胖症妇女人群，并没有发现马铃薯消费与 2 型糖尿病的相关性。Liese 团队发现，摄入较多的能量密集型食物（如油炸马铃薯）会增加纤溶酶原激活物和纤维蛋白原的水平，能量密集型食物与患 2 型糖尿病有关。为避免上述情况发生，应减少能量密集型食物的摄入，而这里所指的能量密集型食物，并非只有油炸马铃薯。与 Halton 和 Liese 团队的发现相反，Villegas 团队以上海女性为研究对象发现，与大米相比，食用马铃薯会降低 2 型糖尿病的患病率，这个研究结果可能与美国人与中国人在马铃薯食品加工过程中的脂肪添加量不同有关。总之，所有关于马铃薯摄入量与糖尿病相关性的研究都集中在一个潜在的正相关关系上。然而，考虑到马铃薯中含有大量的纤维素、多酚和抗氧化剂等有益成分，通过控制脂肪添加的马铃薯与糖尿病、代谢综合征和心血管疾病之间的关联研究是必要的。还有一些研究表明，马铃薯蛋白质、抗性淀粉和磷酸化淀粉有助于降低胆固醇。

第三节　我国马铃薯全粉面制主食产业化的现状

马铃薯全粉面制主食产业化程度直接影响到中国马铃薯主粮化战略进程。自 20 世纪 90 年代以来，大量研究机构及学者在马铃薯面制主食的制作工艺方面做了研究及探索，取得了丰硕的成果。目前，就实验室制作水平而言，生产马铃薯全粉含量超过35%的面制主食（包括各类面条、馒头、面包、饺子皮等）均可以顺利完成，然而在其产业化进程中还面临以下问题：

一、鲜马铃薯生产的随意性决定了马铃薯全粉产品无法实现标准化、系列化

目前，在我国北方的马铃薯大规模种植区，马铃薯全粉生产也具备了相当规模，为马铃薯全粉面制主食的产业化奠定了基础。然而，无论是从生产工艺的角度还是从营养要求的角度来看，不同的马铃薯面制主食对全粉的成分及质量要求不尽相同，而马铃薯全粉的成分及质量很大程度上取决于鲜马铃薯的品种及质量。在我国西南山区，马铃薯种植还处于农户自由种植状态，即自行选种，自己决定种植及收获时间，完全按照传统方式生产。因此，这些地区的鲜马铃薯产品存在着品种杂、质量参差不齐的问题。如果用这样的鲜马铃薯大规模生产马铃薯全粉，那么全粉产品的成分及质量就存在着随机性，无法决定产品的用途。

二、马铃薯面制主食产品生产工艺缺乏针对性及面向产业化的优化结果

我国马铃薯全粉面制主食生产工艺方面研究成果颇多，然而马铃薯全粉产品的无序性决定了其面制主食加工工艺缺乏针对性。例如马铃薯面条的制作为保持鲜马铃薯风味应选择颗粒全粉，同时为保证其综合的营养价值、感官质量及口感，应选择干物质含量较高的马铃薯颗粒全粉，继而再针对这种适合的全粉去优化加水量、和面时间、醒发时间和醒发湿度等工艺参数。即工艺的研究是针对适合的马铃薯全粉展开的。

其次，马铃薯全粉面食制作工艺技术的推广还需要一个不断修订、不断完善的过程。要着眼于将实验室工艺技术推广到现实大规模生产的可行性。特别是对生产环境的要求，如果对加工车间的温度、湿度、无菌程度等要求过高，势必影响产品成本，从而阻碍马铃薯全粉面制主食的产业化。

三、缺乏马铃薯全粉面制主食加工机械的研究及开发

只有实现马铃薯全粉面制主食的高效、大规模生产，才能实现马铃薯面制主食产业化。因此产业化的基础保障离不开专业的加工机械。马铃薯全粉面制主食的加工工艺异于传统面制主食，所以其加工生产必须专门设计或者是在传统面制主食加工机械的基础上改造出满足其加工工艺要求的机械装

备。目前，我国在这方面还没有开发出成套的先进生产设备及生产线，从而使得马铃薯全粉面制主食的加工只能局限于作坊式生产，无法实现产业化。

第四节　我国马铃薯面制主食产业化的出路

在我国马铃薯面制主食产业化过程中，除了政策保障外，应重点解决存在的问题，具体措施如下：

一、以马铃薯全粉产品规格、质量、用途为目标，全面实现马铃薯种植、全粉加工的计划性、可控性

（1）针对马铃薯全粉面制主食及其他粮食产品的要求，实现马铃薯全粉产品的标准化、系列化。

针对马铃薯全粉质量参数如碘蓝值、淀粉含量、吸水能力、吸油能力和溶解度等规范马铃薯全粉产品系列，以供不同马铃薯全粉面制主食按照营养及工艺要求进行选择。产品系列设置应全面、合理，能满足主要马铃薯面制主食产品的加工需求。

（2）规范马铃薯全粉系列中每一种产品的生产工艺，以保证其使用特点。

马铃薯全粉制作工艺参数的改变必然影响产品相应的质量参数。为保证马铃薯全粉产品系列中每一种产品的突出特点，必须在制作工艺参数的选择方面有的放矢，即马铃薯全粉生产工艺不能一概而论，要保证产品系列中的每一种产品特征鲜明，用途明确。例如马铃薯干、湿面条加工所选用的颗粒全粉，淀粉含量及吸水能力要求高，而马铃薯全粉方便面要求其有足够的吸油能力，因此马铃薯全粉系列产品中就必须设置这两类特征鲜明的产品，同时在全粉生产过程中通过切片、不蒸煮工艺来获得较高的吸水能力和总淀粉含量，而通过打浆、不蒸煮工艺来获得较高的吸油能力。

（3）根据马铃薯全粉系列产品质量及数量要求，结合我国马铃薯种植区域的自然条件，计划鲜马铃薯品种及其种植面积。

马铃薯品种是影响全粉产品成分及质量的最重要的原因。例如总淀粉含量，根据鲜马铃薯品种的不同，其变化范围在9%～20%，由此可见，以不同的鲜马铃薯产品为原料所生产的马铃薯全粉成分千差万别。鲜马铃薯品种的选择应针对马铃薯全粉的成分及质量要求展开，全粉系列产品中的每一种产品应优选出一个或两个最适合的鲜马铃薯品种，再根据其用量规划种植面积，

最后由管理部门将这一计划品种的种植放置在自然条件最适合的种植区，从源头上保证每一种马铃薯全粉产品的数量和质量。

二、对现有的马铃薯全粉面制主食制作工艺进行整合，优化出最适合原料及产品要求的工艺参数

先进的食品制作工艺是最大限度地突出原料特点及优势，保证食品风味、质量及营养价值的基础。每一种马铃薯全粉主食首先应着眼于质量要求及制作工艺特点，选择最适合的马铃薯全粉产品（例如全粉对马铃薯馒头面团发酵力、面筋水分含量、高径比等的综合影响为最优），然后再针对选定的原料探索马铃薯全粉主食产品的制作工艺，优化出适合大规模生产工艺参数，才能保证该主食产品生产及质量的稳定性。

三、迅速启动马铃薯全粉面制主食加工机械及生产线的研发

我国马铃薯面制主食工艺研究已经进行了三十年了，技术日趋成熟，推广也势在必行。可以说，产业化的脚步越来越近。毫无疑问，产业化的前提是机械化、自动化生产。同时机械化也是产品质量稳定的保障。以马铃薯全粉面制主食成熟的规模化生产工艺为目标，设计开发成套设备及生产线是切实实现马铃薯全粉面制主食产业化的最后一关。与工艺研究相比，设备的研发周期相对较短。因为首先我国的机械设计及制造能力已经与国际接轨，大量先进的设计技术及制造技术为缩短马铃薯全粉主食加工设备的研发周期提供了可能。其次对一些工艺过程改变不大的马铃薯全粉主食产品加工机械，可以在现有的传统主食产品生产设备的基础上进行改装，从而提高其加工设备研发效率。

第五节　马铃薯面包

马铃薯面包是指用大比例（≥35%）的马铃薯（全粉或马铃薯泥）替代传统的小麦粉烘焙而成的面包。也就是说按照主粮化战略要求，马铃薯必须成为面包产品的主要原料，而不是仅仅为了获取马铃薯风味进行小比例的添加。马铃薯面包的加工与推广，是马铃薯主粮化进程中，对马铃薯全粉面制主食规模化生产的有力补充，不仅让马铃薯作为传统中国主食原料，同时也将其渗入消费需求日益增大的方便主食产品中。

随着我国经济的飞速增长，国民生活水平不断提高，人们对早餐的营养性、方便性提出了更高要求。对于大多数年轻人而言，上学、上班的压力使他们早上没有足够的时间准备早餐，同时又希望方便早餐能提供整个上午的能量储备，牛奶+面包便成为首选。然而，传统小麦面包因为热量高，使得许多消费者望而却步，因此，方便、营养早餐的开发势在必行。马铃薯面包的研发为解决这一问题提供了可能。众所周知，与小麦相比，马铃薯营养更丰富，同时热量更低，饱腹感更强，完全能够满足年轻人对早餐方便、营养、控制体重的需求。因此，马铃薯面包具有广阔的市场潜力。

面包作为一种焙烤食品，其营养丰富，消化吸收率高，食用方便，深受消费者喜爱。由于它所含谷物蛋白的营养不全面，从而降低了面包的营养价值。同时面包的老化一直是困扰面包业的难题，即随着储放时间的延长，因淀粉的老化而导致面包硬化、掉渣、缺乏弹性、丧失原有风味等现象，使得面包不易保存，限制面包业的发展。因此如何延缓面包老化一直是各国科学家研究的热点。

马铃薯又称第二面包，是一种优良淀粉的来源，还含有其他营养物质。马铃薯粉是将马铃薯脱水干燥后粉碎的以淀粉为主要成分的马铃薯全粉，具有非常好的增稠、吸水和持水性，并能够提供特殊的口感和香气。在面包加工中添加适量的马铃薯全粉，按一定量与小麦粉混合，研制马铃薯营养面包，可增加面包营养及品种花色，而且还有一定的医疗保健作用。此外，一些研究表明马铃薯粉对一些烘焙产品品质具有改良作用，适当添加马铃薯粉可以防止面包老化，延长保质期，改善面包品质。

目前我国研制的马铃薯面包主要分为两种：马铃薯全粉面包和马铃薯泥面包。即马铃薯作为马铃薯面包主要原料的状态不一样，全粉添加或者是将鲜马铃薯制泥后添加。由于马铃薯缺乏面筋蛋白，大比例替换小麦粉对该面包的制作工艺带来挑战。迄今为止，对马铃薯面包加工工艺研究结果中，马铃薯的添加量一般不超过 25%，否则影响面包产品的各类质量参数，比如比容、硬度、弹性、感官评价（表面色泽、外表形态、面包心色泽、面包心纹理结构、弹柔性、口感、风味）等。

马铃薯全粉面包的制作工艺流程为：

小麦粉+马铃薯全粉→和面→醒发→烘烤→成品

马铃薯泥面包的制作工艺流程为：

马铃薯→清洗→去皮→切片→蒸煮→捣泥+小麦粉→和面→醒发→烘烤→成品

两者相比，马铃薯全粉面包的制作工艺流程缩短了很多（减少了前端的制泥流程），因此更容易实现产业化。随着马铃薯全粉产业化的推进，马铃薯全粉面包生产必然以其高效性、产品质量稳定性占领市场优势，获得广阔的市场前景。

马铃薯全粉面包所采用的全粉原料可以是雪花全粉和颗粒全粉。目前，我国北方的马铃薯大规模种植区，雪花全粉的生产初具规模，因此，相当一部分马铃薯全粉面包加工工艺研究所选用的雪花全粉原料。同时研究结果表明，马铃薯全粉面包制作中采用雪花全粉的添加量有限（25%以下），达不到主粮化要求。目前马铃薯颗粒全粉的生产没有实现产业化，但是一些研究机构采用自制的颗粒全粉为原料，加工马铃薯全粉面包的全粉添加量得到了显著提高，如四川马铃薯工程技术中心（西昌学院）以自制马铃薯颗粒全粉为原料烘焙马铃薯全粉面包，全粉的添加量达到45%以上，同时较好地保证了产品的各项质量参数及马铃薯的营养价值，因此今后我国马铃薯烘焙食品的加工应着眼于颗粒全粉的应用，当然必须是在颗粒全粉实现产业化的前提下。

马铃薯全粉面包加工工艺的研究主要集中在：

（1）配方研究。

马铃薯全粉与小麦粉的成分、物理性能、化学性能的差异决定了马铃薯全粉面包配方必须进行调整，内容主要包括：马铃薯全粉比例、酵母类型及数量、适合的蛋白物质（如鸡蛋）、有益的酶化物质等；所用的原料，添加剂的类型、数量及其彼此影响、相互作用等。因此关于马铃薯全粉面包配方的优化研究便凸显其重要性，产业化的马铃薯面包生产必须以最优的配方作为基础，才能让产品能在传统面包市场中占有一席之地。

（2）工艺参数研究。

马铃薯全粉面包的制作工艺参数主要包括：和面时间、面团醒发时间、醒发温度、醒发湿度、烘烤温度、烘烤时间等。传统面包的生产有着成熟的工艺及最优的工艺参数，因此产品性能优良，质量稳定。马铃薯全粉面包加工过程中工艺参数改变的主要原因在于马铃薯全粉与小麦粉成分及物理化学性能的不同，其中最主要的是马铃薯全粉因为缺乏面筋蛋白而影响面团的流变学特性，从而加大其制作难度。因此工艺参数必须做出相应调整，来适应原料成分的改变。

目前我国马铃薯全粉面包加工工艺参数的研究结果千差万别，原因很简单：马铃薯全粉的成分、质量相差很大。全粉面包的加工工艺参数优化应当是针对特定的马铃薯全粉，即全粉系列中的最适合加工面包的一种产品来展开，也就是说先选定马铃薯全粉产品，然后再优化出马铃薯全粉面包的加工工艺参数。

第六节　马铃薯全粉面条加工工艺研究

为了切实实现马铃薯主粮化战略，四川马铃薯工程技术中心开展了系列马铃薯全粉食品的加工工艺研究。开发的系列产品包括：马铃薯全粉面条、馒头、饺子皮、面包、饼干、腐乳等。其中对于马铃薯全粉主食，研究的重点在于优化制作工艺，以提高马铃薯全粉的比例，达到或超过主粮化要求。而针对马铃薯全粉风味食品，研究的重点在于保持鲜马铃薯的风味及营养价值。

四川马铃薯工程技术中心在马铃薯颗粒全粉加工工艺研究取得突破性进展的前提下，启动了马铃薯全粉主食产品加工工艺的研究。面条是中国传统主食，特别是在中国北方，面条的消费总量巨大。因此中心选择的第一种全粉主食产品，就是马铃薯全粉面条。

马铃薯粮食产品开发的最终目标是实现马铃薯主粮化战略。因此四川马铃薯工程技术中心在“马铃薯全粉面条的加工与推广”项目启动之初，对于马铃薯全粉面条中马铃薯全粉的含量要求就设定为大于国家规定的 35%，且最终做到了在保证面条各项质量指标的前提下将马铃薯全粉的含量提高到 42.3%。基于马铃薯颗粒全粉简化加工工艺的研究成果，马铃薯颗粒全粉成本有效降低至 8.3 元/kg，马铃薯全粉面条产品无论从加工技术还是从市场角度分析，都具备了产品推广的条件。

“马铃薯全粉面条的加工与推广”项目着眼于面条制作过程中加水量、和面时间、醒发时间和醒发湿度等重要工艺参数，研究了它们对面条感官特性及品质的影响。最终优化了马铃薯全粉面条的制作工艺，得出了成熟的马铃薯全粉面条加工工艺方法。

针对马铃薯全粉面条加工工艺研究中工艺参数多、面条感官质量及品质因素多的特点，研究采用了响应面法。选择全粉面条制作过程中的主要工艺参数即加水量、和面时间、醒发时间和醒发湿度进行试验优化设计，采用响应面分析实现马铃薯面条关于断条率、感官评价及抗性淀粉含量的最优综合特性。

一、项目简介

面条是中国的传统食品，因其加工简单、烹饪快捷、食用方便、经济实惠而成为世界第二大方便主食。其主要原料为小麦粉，而我国为主要的小麦产区，是世界上最大的面制品生产国，因此将马铃薯全粉以较高比例（≥35%）

与小麦粉混合制作成马铃薯面条是实现马铃薯主粮化战略的重要举措。

目前马铃薯面条研制所面临的问题：由于马铃薯全粉中不含面筋蛋白，全粉的加入冲淡并稀释了小麦粉中的面筋蛋白，使面团的弹性、黏性和延伸性下降。因此采用常规面条制作工艺加工出的马铃薯面条全粉含量只能达到10%~25%。四川马铃薯工程技术中心在制粉工艺取得重大突破的基础上，认真研究了传统面条的加工工艺，分析了不同工艺参数对面条质量的影响。同时马铃薯全粉的替代比例对面条制作工艺参数的影响程度也进行了深入研究。在传统马铃薯面条制作工艺的基础上，通过改善配方及制作工艺，提高面条中马铃薯全粉的含量，达到主粮化要求。

研究采用响应曲面法，针对马铃薯面条加工中的 4 个影响因素，即加水量、和面时间、醒发时间和醒发湿度，用 Design expert 8.0 软件进行试验设计，根据试验结果分别对马铃薯面条的重要质量指标即断条率、感官评价及抗性淀粉含量进行分析，绘制出等高线图及响应曲面图，从而分别分析各工艺指标对每一项质量指标的影响情况。最后采用 Design expert 8.0 软件得到马铃薯面条加工的最优工艺参数及其所对应的产品质量指标。

在高比例马铃薯全粉的前提下，通过优化加工工艺参数提高马铃薯面条的质量指标，并保持马铃薯特有的营养价值。从根本上解决马铃薯面条在推广过程中的物理性状、口感等问题，使其成为大众接受并喜爱的粮食产品。

二、材料与设备

1. 材料与试剂

马铃薯全粉：四川马铃薯工程中心实验室自制；高筋小麦粉：五得利集团商丘面粉有限公司；加碘食用盐：四川南充顺城盐化有限公司；食用碱：天津市鸿禄食品有限公司。

2. 主要仪器与设备

项目研究所采用的仪器和设备均为国产，主要包括 MT-A80 Ⅱ型揉面式面条机：河北省任县万通机械厂；SPR 冷藏冷冻醒发箱：广州三麦机械设备有限公司；电热鼓风干燥箱：上海一恒科学仪器有限公司；电子万用炉（220 V，AC 2 000 W）：天津市泰斯特仪器有限公司；FA2204B 电子天平：上海精科美科学仪器有限公司；i9 型紫外可见分光光度计：济南海能仪器股份有限公司。

三、试验方法

1. 面条的制作

将高筋小麦粉、开水和蛋清搅拌成米糊后，加入到盛有适当比例马铃薯全粉、高筋小麦粉、盐、食用碱的盆中揉成面团，记录加水量及和面时间。将面团放置于密闭容器中醒面，记录醒面时间及醒面湿度；将醒好的面团放入压面机碾压成型，然后放到醒发箱中烘烤 300 min。

2. 面条性能指标测定

（1）断条率测定。

量取 500 mL 自来水于小铝锅中（直径 20 cm），在 2 000 W 电炉上煮沸，称取 50 g 面条样品，放入锅中煮至面条芯的白色粉刚刚消失立即将面条捞出。在面条上架前记录面条根数 N，然后在烘烤结束时记录断面条的根数 n。

$$断条率（\%）=（n/N）\times 100\% \quad (3\text{-}1)$$

（2）面条感官评价。

将（1）中捞出的面条以流动的自来水冲淋约 10 s，分放在碗容器中待品尝。根据面条的物理性质（硬度、弹性、拉断力）及口感综合评分。面条感官评价参考表 3-3。

表 3-3　面条感官评价表

项目	评价标准				
色泽	乳白色、有光泽	乳黄	白色	黄色	颜色发灰、发暗
表现状态	光滑、规则	较光滑、规则	较粗糙	变形较小	变形严重、断条
硬度	硬度适中	较硬	较软	过硬	过软
黏性	爽口、不黏	稍黏	较黏	很黏	非常黏
弹性	弹性很好	弹性较好	弹性一般	弹性较差	没有弹性
光滑性	非常光滑	光滑	较光滑	不光滑	粗糙
分值	10	8	6	4	2

（3）抗性淀粉含量测定。

抗性淀粉含量测定采用爱尔兰 Megazyme 公司提供的方法测定。称取 100 g 面条样品，粉碎至粒径 1.0 mm 以下放入带螺旋盖的 16 mm×125 mm 塑料试管中。加入 4 mL α-淀粉酶（10 mg/mL）+AGM（3 IU/mL）混合工作溶液，盖紧试管盖后在涡旋机上将样品充分混匀，然后将试管置于 37 °C 水浴摇床中孵育 16 h。取出后用吸水纸吸干试管表面的水。打开试管盖向试管中加入 4 mL 无水乙醇，充分混匀后于 4 000 r/min 离心机上离心 10 min（4 °C），将上清液倒出，用 2 mL 乙醇（50%）重新洗涤沉淀物。充分混匀后加入 6 mL 乙醇（50%）混匀后于 4 000 r/min 离心机上离心 10 min（4 °C），将上清液倒出。再重复该步骤一次，去除非抗性淀粉。

在试管中加入一根 5 mm×5 mm 磁力棒和 2 mL KOH（2 mol/L）溶液并于冰浴中用磁力棒搅拌摇匀 20 min 以洗涤和溶解抗性淀粉。加入 8 mL 乙酸钠缓冲溶液（1.2 M，pH3.8），用磁力棒搅拌混匀后加入 0.1 mL AGM（3 IU/mL），混匀后将试管置于 50 °C 水浴中孵育 30 min，并用涡旋机间断性混合。

由于马铃薯面条中抗性淀粉含量大于 10%，将试管中水解溶液转入 100 mL 容量瓶中，并用双蒸馏水反复冲洗试管，洗液倒入容量瓶中然后用双蒸馏水定容到刻度摇匀后取样 100 mL 于 4 000 r/min 离心机上离心 10 min（4 °C）。取上清液在全自动生化仪上测定葡萄糖含量，并计算水解葡萄糖浓度。

$$抗性淀粉含量（\%）=（C\times 0.9/m）\times 10.3 \quad （3\text{-}2）$$

式中：C，水解葡萄糖浓度，g/mL；m，样品质量，g。

四、试验设计

试验选择加水量、和面时间、醒发时间和醒发湿度为影响因素。研究采用 Design expert 8.0 进行试验设计。结果如表 3-4 所示。

表 3-4 马铃薯全粉面条加工工艺试验设计

试验组	加水量/%	和面时间/min	醒发时间/min	醒发湿度/%	断条率/%	感官评价/分	抗性淀粉/%
1	36	8	20	70	5	93	18.73
2	36	8	30	50	5	89.8	19.21
3	36	6	40	50	0	83.8	18.21
4	40	8	20	50	5	87.7	19.28
5	40	8	40	50	5	84.8	18.47
6	36	8	20	30	10	82.8	19.55
7	40	6	30	50	0	92	21.08

续表

试验组	加水量/%	和面时间/min	醒发时间/min	醒发湿度/%	断条率/%	感官评价/分	抗性淀粉/%
8	32	6	30	50	0	82	19.56
9	36	10	30	70	5	88.5	20.22
10	32	8	20	50	0	88.3	19.22
11	36	8	40	30	5	89.8	18.32
12	36	10	40	50	5	91.5	19.67
13	36	8	30	50	5	90	20.01
14	36	6	30	30	0	92	19.01
15	36	8	30	50	5	89.5	20.14
16	40	8	30	70	10	95	20
17	36	8	30	50	5	90.6	18.94
18	36	8	30	50	5	89	20.36
19	40	8	30	30	15	92.5	21.14
20	40	10	30	50	5	86.5	20.35
21	36	6	30	70	5	92.5	20.41
22	32	8	30	30	5	88.5	22.62
23	36	8	40	70	5	93	21.97
24	36	10	30	30	15	91	23.55
25	32	10	30	50	5	91.5	22.3
26	32	8	30	70	10	87.5	20.67
27	36	10	20	50	0	90.5	20.52
28	36	6	20	50	10	87	20.56
29	32	8	40	50	0	74	20

六、结果与分析

按照设计的工艺参数组合进行 29 组试验，分别研究加水量、和面时间、醒发时间和醒发湿度对马铃薯面条的重要特性断条率、面条感官评分及抗性淀粉含量的影响情况，按照试验设计表格记录试验结果。

1. 马铃薯面条制作工艺参数对断条率的影响

断条率是评定面条蒸煮性质的主要指标，断条率小说明面筋网络结构破坏较少，面条耐煮、筋力较强，这样的面条口感滑爽，不发黏，有嚼劲。

根据试验结果描出的断条率等高线及响应曲面为如图 3-3、图 3-4 所示。

由响应曲面图 3-4 可以看出，加水量 32%，和面时间 6 min，醒发时间 30 min，醒发湿度 50%时，断条率达到最小值 0，即马铃薯面条达到最佳蒸煮特性；等高线图 3-3 显示，较小断条率出现在左下角，即和面时间及加水量均取得较小值的情况。随着和面时间的增加，断条率先增加后降低，在和面时间 8 min 时达到最大；随着加水量的增加，断条率升高，因此在保证面条其他工艺及物理特性的条件下应通过控制加水量来控制断条率。

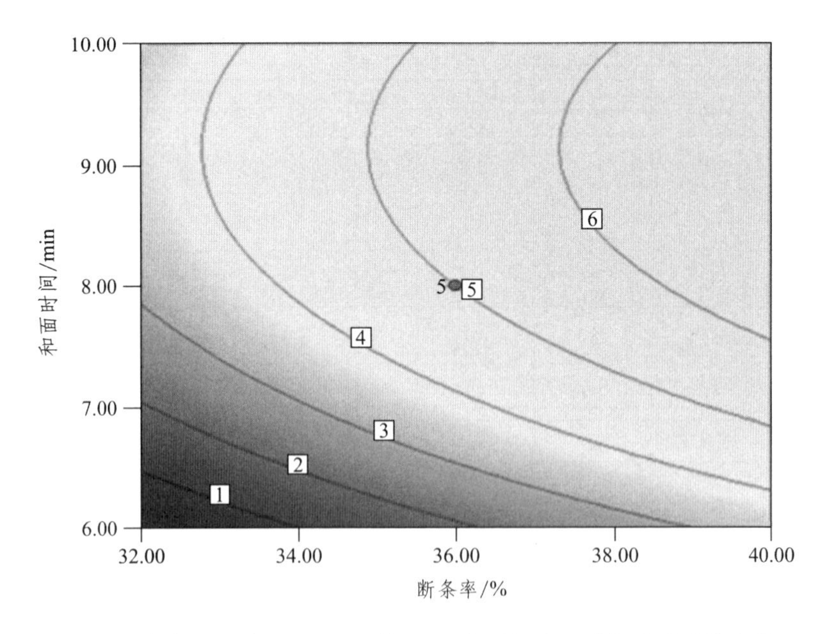

图 3-3 断条率受加水量、和面时间、醒发时间和醒发湿度影响等高线图

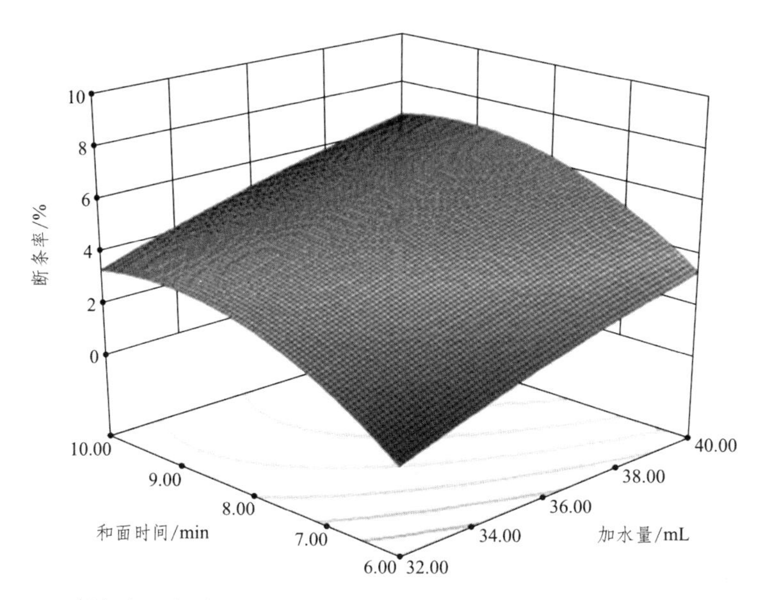

图 3-4　断条率受加水量、和面时间、醒发时间和醒发湿度影响响应曲面图

2. 马铃薯面条制作工艺参数对感官评分的影响

面条的感官评价是对面条煮熟后的色泽、表现状态、黏性、硬度、弹性、光滑性等物理性质所做出的综合评价。

根据试验结果描出的感官评价等高线及响应曲面为如图 3-5、图 3-6 所示。

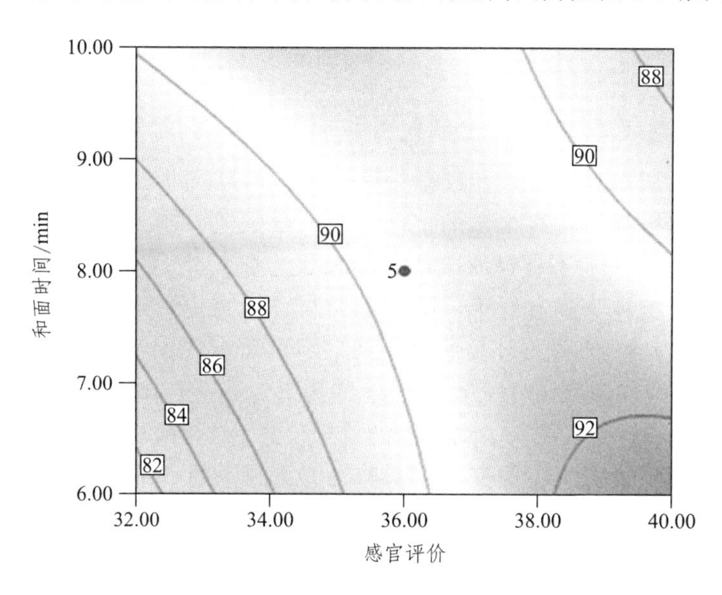

图 3-5　感官评价受加水量、和面时间、醒发时间和醒发湿度影响等高线图

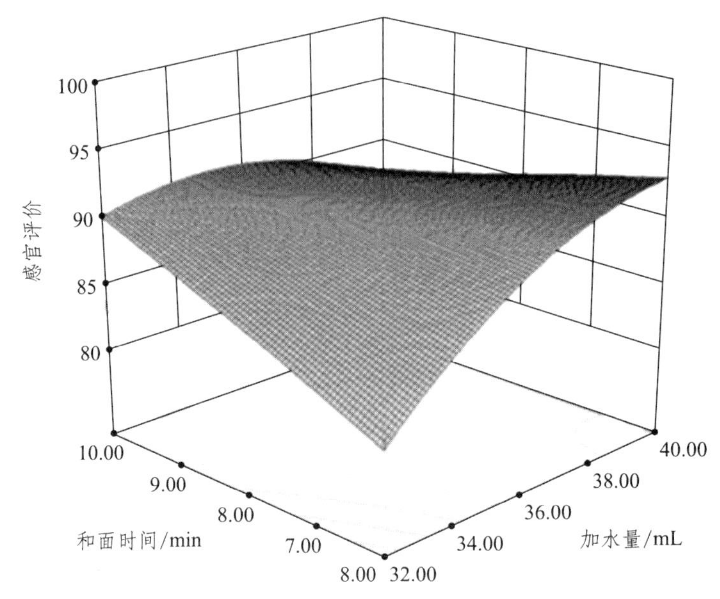

图 3-6　感官评价受加水量、和面时间、醒发时间和醒发湿度影响响应曲面图

图 3-6 显示，加水量 36%，和面时间 8 min，醒发时间 30 min，醒发湿度 50%时，马铃薯面条的感官评分达到最高 96 分；从等高线图 3-5 显示，加水量在 36%～38%范围内，面条感官评价较高；随着加水量的增加，面条感官评分先升高后降低，在 36%左右评分最高；当加水量大于 36%，随着和面时间的延长，面条感官评分升高。当加水量大于 36%，随着和面时间的延长，面条感官评分降低。

3. 马铃薯面条制作工艺参数对抗性淀粉含量的影响

意大利面从小麦、香蕉及红薯中获取抗性淀粉而提高了其营养价值。马铃薯营养价值很高，含有丰富的抗性淀粉，蛋白质，脂肪等营养物质。抗性淀粉 RS 是指摄食后不被健康人体小肠吸收的那部分淀粉及其降解产物的总称。抗性淀粉被视为膳食纤维，其功能又与普通膳食纤维有所不同。具有更高的营养价值。RS 不能在小肠内消化吸收，但可以在大肠内被肠道微生物发酵，产生短链脂肪酸及 CO_2 等气体，维持肠道的酸性环境，促进毒素的排除，有效防止便秘，痔疮，肠炎，结肠癌的发生。高 RS 含量的食物还能降低人体餐后血糖和胰岛素应答，提高人体对胰岛素的敏感性，有效降低人体血清中胆固醇和甘油三酯的含量，并促进钙、镁、锌等矿物质离子的吸收。

马铃薯面条加工过程中应尽量避免抗性淀粉被破坏，高的抗性淀粉含量是马铃薯面条从营养价值的角度显著优越于普通小麦面条的因素，也是该产品研发的重要原因之一。

根据试验结果描出的抗性淀粉含量等高线及响应曲面为如图 3-7、图 3-8 所示。

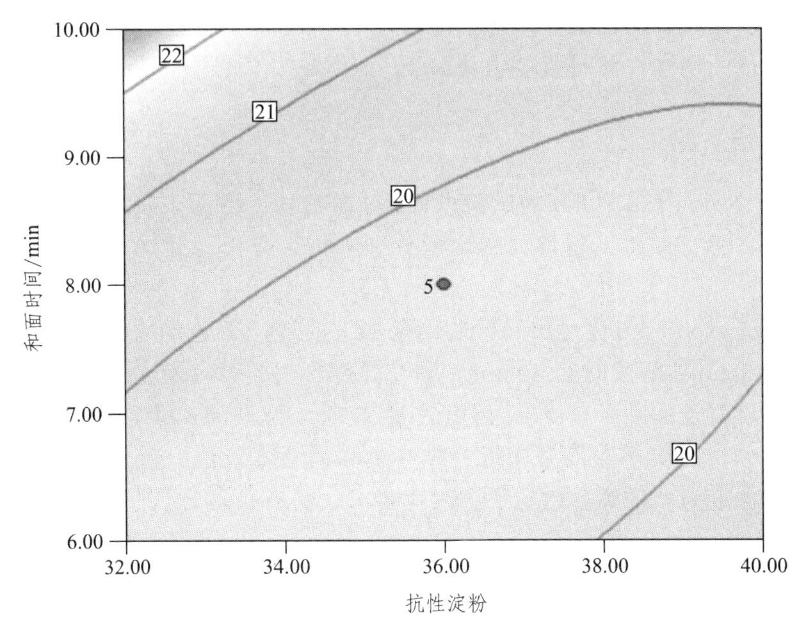

图 3-7　抗性淀粉含量受加水量、和面时间、醒发时间和醒发湿度影响等高线图

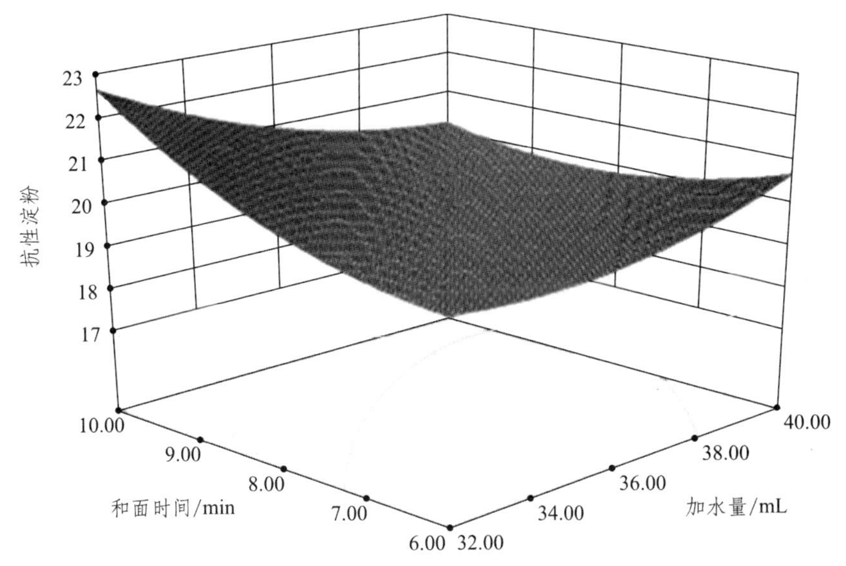

图 3-8　抗性淀粉含量受加水量、和面时间、醒发时间和醒发湿度影响响应曲面图

从图 3-8 可以看出，和面时间 10 min，加水量 32% 时，抗性淀粉含量达

到最大值 22.3%；和面时间 6 min，加水量 32% 时，抗性淀粉含量出现最小值 19.55%；等高线图 3-7 显示，较高的抗性淀粉含量出现在左上角，即和面时间长，加水量较少的情况；总体上随着和面时间的增加，抗性淀粉含量增加。随着加水量的增加，抗性淀粉含量降低。

七、结　论

经过 Design expert 8.0 的试验设计，对影响马铃薯面条质量的 3 个重要特性断条率、感官评价及抗性淀粉含量分别进行了分析，并优化出了最佳工艺参数。

Design expert 8.0 优化出马铃薯面条加工的最佳工艺参数为：加水量 36%，和面时间 8 min，醒发时间 30 min，醒发湿度 50%；对应最优工艺参数所制作出的马铃薯面条的断条率 5%，感官评价 92 分，抗性淀粉含量 19.65 %。物理性质及口感与优质小麦面条相近，具有更高的营养价值；该马铃薯面条中马铃薯全粉含量为 42.3%，达到了主粮化要求，具有市场推广价值。

第四章　马铃薯全粉保健主食

马铃薯全粉主食产品开发更为广阔的前景在于保健食品。随着我国经济的发展，人们的生活水平不断提高，对粮食产品的需求逐渐从基本要求即吃饱过渡到更高要求：吃得营养，吃得健康。因此保健主食产品必将是未来粮食产品市场中的佼佼者。

我国各年龄阶层的人群对保健食品的需求是不同的。很多老年人受高血压、心脏病、糖尿病等心脑血管疾病及代谢类疾病的困扰，对脑保健食品及促进新陈代谢类食品寄予厚望。然而对于年轻人而言，一方面因为工作压力大，希望在吃饭的过程中尽情享受，释放压力；另一方面，又必须对体型进行管理，以维持自身形象。这种矛盾的需求使得他们渴求美味、天然、健康的，具有一定减肥功效的主食产品。

基于以上消费者对保健食品不同需求的分析，四川马铃薯工程技术中心选择了两种药效得到充分证实的食材，即葛根和魔芋，作为马铃薯全粉主粮产品研发的添加物，希望结合马铃薯本身的营养优势，开发出保健功能显著的马铃薯全粉保健主食。

第一节　葛根的营养价值及保健食品开发

葛，别名鹿藿、黄斤、鸡齐，多年生野外豆科藤本植物，具有极高的营养价值和医药价值。葛根是中国国家卫生部首先认定的药食两用名贵药材，素有“亚洲人参”之美誉。

葛根的功能较多，至少具有三大功能：一是葛根具有生态功能，葛根是生长迅速且对生长条件要求不是太高的绿色植物，可以绿化荒山荒地，保护生态环境。二是葛根及葛根产品具有食用功能，可以作为绿色食品，代替部分粮食，通过深加工使产品增值。三是葛根及葛根产品具有医药功能和保健功能，可以预防和治疗多种疾病。据报道：世界粮农组织等众多权威机构预测葛根有望成为世界第六大粮食作物，整个国际市场葛粉等葛根制成品（功能食品）的消费正日益兴起。预计 21 世纪中期，葛根种植面积将超过红薯，成为人类食品和动物饲料的主要来源之一。

一、葛根中的化学成分

葛根的主要生理活性物质是异黄酮类化合物，此外还有三萜类、香豆素类化合物等。

异黄酮类化合物主要包括：大豆苷（daidzin）、大豆苷元（daidzein）、葛根素（puerarin）、黄豆甙元、葡萄糖苷以及甲氧基葛根素，黄豆甙元乙酰基葛根素，木糖甙葛根素（7-xylosidepuerarin）、羟基葛根素（3ydroxypuerarin）、芒柄花素、葡萄糖甙（formononetin）、生原禅宁（Biochanin—A，三个天然雌异黄酮之一），金雀异黄素（genistein），染料木素、羟基异黄酮、三羟基异共酮、羟基等。其中葛根苷类化合物主要包括葛根苷 A、B、C 三种（二氢查尔酮的衍生物）。

三萜类化合物主要包括以葛根皂醇 A、B、C 命名的 7 种新型齐墩果烷型皂角精醇，槐花二醇（sophoradio1），大豆皂醇 A、B（soyasapogenolA、B），葛根皂醇 A、C 和 B 的甲酯（kudzusapogenolA、C、B methylvester），B-谷甾醇（β-sitostero1），胡罗卜甙（B-sitosterol-B-0-glucoside）等。

香豆素类化合物主要包括甲氧基香豆素（dimethoXycoumarin）、葛根香豆素（puerarо1）等。

同时葛根中还含有生物碱及其他成分，如尿囊素（allantoin）、5-甲基海因（5-methylhydrantoin）、D-甘露醇（D-mannito1）、琥珀酸（succinicacid）、氨基酸、淀粉、花生酸（Arachidicacide）、2, 2-烷酸，2, 4-烷酸、2, 4 烷酸甘油酯，生物碱卡塞因，微量元素硒、钼等。

二、葛根的营养价值

葛根中含有丰富的氨基酸，尤其是人体不能合成的必需氨基酸（以 100 g 干物质计）：即含赖氨酸（>10 mg）、蛋氨酸（>7. 54 mg）、苯丙氨酸（>9. 65 mg）、苏氨酸（>9.63 mg）、异亮氨酸（>7.54 mg）、亮氨酸（>11.54 mg）、缬氨酸（>11.24 mg），被认为儿童必需的氨基酸组氨酸含量亦高达 6.74 mg。另外葛根中的微量元素硒、锌、锰、锗等的含量也相当可观，且前三者又为人体所必需的微量元素，缺乏时将导致人们身体的不适以及生理功能的紊乱。

三、葛根的生理功能及作用机理

中医宝典《本草纲目》和现代科学证明，葛全身都是宝，具有医药、食用、生态等多种功能，属纯天然绿色食品，有清热解毒、消炎止痛、防暑降热、滋补营养、抗衰老防癌、提高人体免疫功能等功效，对中风、伤寒头痛、风火牙痛、口腔溃疡、咽喉炎及发汗、解热、治毒疮等有明显功效，是高空、高温和井下、阴深水底作业人员以及病人康复期的最佳绿色营养保健品。据现代医学测定：葛含有大量的葛素、黄酮甙素，具有降血压、血脂、防癌、抗癌等功效，能有效地治疗心血管病，防治脑冠状动脉硬化且对痢疾、肺炎、解酒、醒酒、护肝、美容等均有很好疗效。

1. 葛根对高血压的作用机理

有研究用放射受体分析法证明葛根具有 α 受体阻断作用，并发现葛根对血管紧张素Ⅱ受体亦有阻断作用。同时也有研究发现葛根为一种 β 受体阻滞剂。最新资料表明，国外医学专家正在开发同时具有 α、β 受体阻滞作用的新一类抗高血压药，初步结果显示可能使高血压病 患者更大程度的获益，疗效优于以往各类抗高血压药物。葛根素治疗高血压病的机制之一可能在于能抑制 ET 过量释放，促进内皮恢复功能，进而兴奋 PGI_2，合成酶活性，显著增高 EC 生成 PGI_2，抑制血小板聚集，起到改善血液循环的作用。

2. 葛根的雌激素样作用

20 世纪 90 年代末专家发现葛根含有丰富的、高活性的异黄酮，其异黄酮的含量和活性远远优于大豆。异黄酮对于低雌激素水平者，表现为雌激素样的替代补充作用，可防治雌激素下降引起的症状，并能增加中年妇女血清中雌二醇的水平和血浆中高密度脂蛋白的含量，降低低密度脂蛋白和胆固醇含量，起到保护心血管的作用；而对雌激素水平偏高者，又表现为抗雌激素样活性，可有助防治乳腺癌、子宫内膜癌等，从而起到双向调节的作用。还有研究推测葛根异黄酮对原发性骨质疏松症具有防治作用。

3. 降血糖、降血脂和解痉作用

大剂量葛根素能降低血糖，但对肾上腺素性高血糖无降低作用。能明显降低血清胆固醇，但对血清游离脂肪酸和甘油三酯则无明显影响。葛根对小鼠、豚鼠离体肠管有罂粟碱样解痉作用。

4. 解酒作用

葛根含豆甙，它能分解乙醛毒性，能阻止酒精对大脑抑制功能的减弱；能抑制肠胃对酒精的吸收，促进血液中酒精的代谢和排泄。葛根能有效地拮抗酒精引起的肝和睾丸组织脂质过氧化损害。相关研究发现黄豆苷的抗酒精兴奋作用不是通过影响 5-HT，而是抑制 5-HIAA（5-hydroxyindole-3-acetic acid）和 DOPA（3,4-dihydroxyphenyl acetic acid）的形成。实验表明，黄豆苷是葛根甲醇提取物有效成分之一，另外的成分有助于黄豆苷在叙利亚金毛大鼠体内的吸收。

还有研究推测这些异黄酮抑制乙醇的偏好是通过脑神经中枢的犒赏通路而起作用的。黄豆苷和黄豆苷元和葛根素口服均不能影响肝脏的乙醇脱氢酶或乙醛脱氢酶的活性，而通过腹腔注射却有这样作用。进一步实验表明，黄豆苷抑制 BAC（血液乙醇含量）是主要通过延迟胃的排空时间来实现的。日本有研究表明葛花和葛根提取物均能抑制谷草转氨酶和谷丙转氨酶的活性。对免疫性肝损伤的肝保护作用当用大剂量时能抑制血糖的升高。

5. 中药葛根的抗癌作用

研究证明中药葛根有明显的抗癌作用。在食管癌高发地区进行的人群干预试验结果证明，葛根总黄酮对基底细胞增生的病人确有明显阻断其癌变的作用。

6. 抑制血小板聚集作用

葛根素能抑制 ADP（二磷酸腺苷）诱导和 5-HT（5-羟色胺）与 ADP 联合诱导的人和动的血小板聚集；葛根素还能明显抑制由凝血酶诱导的血小板中 5-HT 的释放，具有抗血栓形成的作用。

7. 对心脏功能和心肌代谢的影响

葛根总黄酮和葛根素均能减慢心率，降低心脏总外周阻力，减少心肌耗氧量，提高心肌工作效率。葛根素还能明显减少缺血引起的心肌乳酸的产生，改善梗死心肌的代谢。

8. 其他作用

葛根中的异黄酮类成分能显著抑制酪氨酸酶的催化活性，中断黑素氧化过程，抑制黑素的发生与形成，从而防止黄褐斑、日晒斑等色素沉积。所以葛根被国际化妆品界誉为是又一种源于绿色植物的皮肤脱色组分，并被化妆品科技领先的日本用于祛斑化妆品，日本花王公司已将葛根异黄酮作为活性物质应用于增白霜。

四、葛根的营养保健作用及保健产品的开发

目前文献报道的关于葛根食品和保健食品的开发品种主要有以下几种：葛根黄酮提物、葛根淀粉、葛根饮料、葛根或葛花解酒饮料或胶囊、葛根与其他中药的复方口服液或茶、葛根果晶、葛根挂面、葛根变性淀粉、葛根低聚糖、葛根麦芽糊精、葛奶、葛根保健糊等初级和深加工产品。葛根功能食品的开发应根据葛根独特的生理功能，开发诸如葛膏、葛冻、葛泥、葛汁、葛晶及各种配合菜肴浆液、葛根豆腐、葛根冰淇淋、葛根红肠等多种形式的抗癌、降脂减肥、降糖、解酒等功能食品，形成葛根功能食品系列，对于繁荣市场、满足不同人群的需要也是非常有意义的。

在国外，如日本已有葛根口服液、葛根面包、葛根面条、葛根粉丝、葛根冰淇淋、葛根饮料、葛冻等产品，成分提取后的残渣和葛藤则加工成牲畜和鱼饲料，实现了综合利用。此外，常年服用葛根酱、葛根羹，对妇女产后带来的多种疾病有抑制作用。以葛根为原料提取的葛根黄酮和葛根素已被广泛应用到了美国的保健食品、生物制药等领域。葛藤中含有大量长纤维，即葛麻，可提取加工高档麻织品，作为轻工业原料，葛藤也将有较高的经济价值。

西方一些发达国家生产出葛根与咖啡、芦笋、芦荟配制而成的饮料，并有葛冻罐头、葛根混合晶、葛根口服液、葛粉红肠等新产品，深受消费者喜爱。将葛根冻和牛奶配制成管喂流质饮食，供特殊病症人食用，在医院十分畅销。

葛根的综合开发利用的重要性正在被越来越多的人认识到，葛花和葛谷均是理想的解酒之药。葛叶，富含蛋白质，可做中药材，也是上等的畜禽饲料。葛藤，既可编篮做绳、纺纱织布，又可用作中药材。葛根，形肥大，味甘，性平，无毒，提制淀粉供食用，也做药用。葛粉，可进一步加工成饮料、粉丝、果冻等系列产品。葛皮、葛渣还可做中药材和饲料，葛渣可用于舟船填缝、基建做纸筋、纺织和造纸等。葛棉为国内外少有的产品，医用无纺葛布更是市场需求量大。就连寄生在葛藤中的葛虫，也是顶好的消食健胃药品。葛可谓周身是宝，宜于综合开发和利用。

重庆计华能源发展有限公司的“葛根深加工项目”被国家计委列为 2002 年的“农产品深加工食品工业专项工程”，同时也被列入中国食品添加剂协会重点扶持计划。其下属的重庆葛恩生物科技开发有限公司还被重庆市政府列为重庆农业产业化和农业综合开发的重点龙头企业而得到大力扶持。其生产的葛根素和葛根异黄酮产品被重庆市列为高新技术产品，享受国家出口退税的优惠政策。公司正在与国际接轨，制定定葛根异黄酮的质量标准，该标准

有望成为葛根异黄酮的国际质量标准。

目前我国生产的葛恩异黄酮胶囊已经获得国家食品与药品监督管理局批准的保健食品称号，批准文号为“国食健字 C20040655”，生产的 “第二青春素胶囊”获得重庆市食准字批号，可以调节女性体内的雌激素水平，改善机体免疫力，具有美体丰乳的作用，保证女性身体健康和美丽。公司的研发部门也在加紧对葛根的深加工产品的开发，如不同 DE 值的葛根麦芽糊精，葛根低聚糖，预糊化葛根淀粉，葛根挂面，葛根营养保健糊，葛奶，葛根解酒饮料，葛花解酒胶囊，葛根酸奶，葛根解酒酸乳，葛根素营养乳液，葛根精华霜，葛根精华素，速溶葛奶固体饮料为女士专用饮料，第二代 “第二青春素”胶囊，葛根异黄酮片剂，葛根异黄酮缓释胶囊，葛根素含片等。

在研发时我们发现，葛根淀粉具有与普通淀粉完全不同的加工特性，如预糊化葛根淀粉在 60 °C 以下的温水中能吸水糊化为黏稠透明的胶体，但在加热后淀粉反而会析出吸收的水分而呈半固态状。一般淀粉生产的麦芽糊精不太吸潮，但葛根麦芽糊精却具有极强的吸潮特性。作为一般常识，淀粉是面筋稀释剂，但葛根淀粉加入面粉中却具有很好的改善面筋质量的作用，比如可以增加面筋的筋力，生产出来的挂面不断条，煮后不易糊汤等，即使添加量增加至 20%仍具有该作用，至于葛根淀粉是否是通过改变面粉的粉质曲线特征而起作用尚待研究。预糊化淀粉的目的是改变淀粉的糊化温度，高温只会降低淀粉糊的流变学性质但不会改变其吸水率，更不会使淀粉变性，但预糊化葛根淀粉却具有不同的特性，这使得其应用范围与一般的预糊化淀粉不同，这些都有待今后的深入研究。葛花提取物使用不当时会对人体造成损伤，怎样充分利用其对人体有利的一面，回避或改善其不利的一面也是今后需要重点研究的课题。

总之，葛根提取物和葛根淀粉都具有极大的开发潜力，综合开发利用势在必行。在人民生活不断提高的今天，崇尚自然、崇尚绿色、崇尚环保、崇尚健康、崇尚文明正在成为新世纪的新潮流。葛根产业是 21 世纪的朝阳产业，是一个正在火爆起来的市场。葛根大多分布在我国的山区，葛根资源的综合开发不仅可以带动山区经济的发展，提高农民收入，增加社会的稳定因素，而且还可以防止水土流失，保持生态良性发展，具有很大的经济效益和社会效益。葛根的开发利用具有不可估量的市场前景，是一项经济、生态和社会效益都非常明显的富民工程。

第二节　魔芋的营养价值及保健食品开发

魔芋（Amorphophalms konjac）又名蒟蒻、鬼芋、花梗莲、蛇玉米和花伞把等，是天南星科魔芋属多年生的草本植物，其供利用部位是地下球茎，可药食兼用。我国是魔芋的主产国，其主要分布在秦岭以南，以贵州、四川、湖南、云南、广西、福建等省区居多。早在2 000多年前，我们的祖先就用魔芋来治病，医药典籍《本草纲目》《开宝本草》等均有所记载，认为其性味辛寒，具有解毒消肿、抗癌、健胃、利尿、养发等功效。此外，因为魔芋具备良好的凝胶性、增稠性、保水性、高黏性，现已成为优质的膳食纤维源和功能性原料，逐渐被运用在食品、日用化工、医药、饲料工业等领域。然而，鲜魔芋采收以后的储藏问题一直是我国魔芋加工产业发展中最受关注的问题，目前对此问题主要的解决方法是将鲜魔芋制作成全粉进行储藏或者进一步加工开发成新型产品。

一、魔芋的品种及营养价值

调研发现，目前全世界魔芋的种类有 260 种以上，不同种属的魔芋植物在生长习性和繁殖方面各不相同。在我国已知的魔芋有30余种，特有的品种有13种，如台湾大魔芋、硬毛魔芋、云南西盟魔芋等。

其中，白魔芋品种是由刘佩瑛等人发现并命名的，主要分布在四川、云南两省的交界地带。白魔芋是我国主栽培品种之一，耐干旱性能强，植株较矮小，球茎呈扁球状，表皮为褐色，内部为白色，其根状茎较发达。白魔芋富含葡甘聚糖，达到60%以上，黏度品质佳，褐变程度轻。花魔芋喜温、湿润、光照不强的环境。块茎近球形，顶部中央稍凹陷，内为白色，有的微红，分布广，产量高，葡甘聚糖含量较高，但抗病力不强。黄魔芋是一族能适应强光、干热环境的新种群，该族具有极强的丛生性，可以迅速分株，叶柄及花序柄不具疣状突起，抗病性好。

魔芋是一种热能低但含有高膳食纤维的食品，科学研究发现魔芋的高膳食纤维才是对人体有效的营养成分。魔芋精粉是人们对魔芋球茎经过加工获得的，是魔芋营养成分的浓缩品，其主要有效成分是魔芋葡甘聚糖，为可溶性半纤维素。与白菜、芹菜等蔬菜中所含的非水溶性纤维不同，魔芋葡甘聚糖可参与人体的代谢作用及影响肠道菌向有利于人体健康的方向发展。魔芋的保健作用是发挥可溶性膳食纤维对人体营养不平衡的调节作用，如润汤通便、调节脂质代谢、改善糖代谢、减肥等。

1. 预防和治疗便秘

膳食纤维能改变人体肠道的状态。从试验和流行病学观察推论，膳食纤维在人体肠道有增加粪便量、增加排便次数、缩短运转时间、刺激肠道微生物生长产生短链脂肪酸等作用。随着饮食精细化和人口老龄化的加剧，便秘患者急剧增加，增加饮食中的膳食纤维含量可以有效预防便秘。膳食纤维的来源和理化性质，直接影响其对结肠的作用。魔芋含有优质高膳食纤维，对便秘的预防和调节有很好的疗效。

2. 调节脂质代谢

人类血浆中胆固醇的水平及动脉粥样硬化和冠心病的发病有着密切的关系。魔芋中的膳食纤维通过与肠内胆酸结合，可增加胆酸合成与排泄，使胆固醇水平降低。试验表明，魔芋的可溶性膳食纤维能有效降低胆固醇与甘油三酯水平，在血脂达到正常水平后不会使其持续下降。所以，魔芋在调节脂质代谢和预防高脂血症方面有一定的作用。

3. 改善糖代谢

糖尿病是现代人类常见的慢性疾病，治疗的重要措施是病患严格控制饮食。膳食纤维不含热量，且能减少或延缓糖的吸收，是治疗糖尿病的辅助材料。研究证实，魔芋精粉可使糖尿病患者的血糖含量恢复正常状态。所以，魔芋是糖尿病患者一种较为理想的药食兼用食材，既可以满足味蕾的需求，还能养生保健，有效降低血糖，控制病情。

4. 减肥作用

美国 Walsh 用双盲法肯定了魔芋的减肥功效，在我国此说法也得到进一步的证实。膳食纤维在人体胃内起到充盈作用，增加饱腹感，同时减少产热营养素的吸收。故在日常膳食中可采取添加一定量魔芋食品的方法，从而达到预防肥胖和有效减肥的目的。

5. 其他作用

研究发现，不少非淀粉多糖能增强非特异性免疫、细胞免疫和体液免疫中的一个或几个方面。试验证实，魔芋精粉能提高正常小鼠和免疫抑制状态小鼠特异性与非特异性免疫功能，另外还具有延缓细胞老化，预防和治疗心脑血管疾病的功效。此外还有研究报道，魔芋膳食纤维对结肠癌、乳腺癌等疾病也有一定预防作用。

二、魔芋粉的加工工艺

魔芋粉的加工是将魔芋球茎去皮、干燥、去除杂质、不断提纯的过程。将魔芋片粉碎即得到魔芋粉，魔芋粉含有大量的淀粉和纤维素。魔芋精粉即是将魔芋粗粉提纯，然后再对其做进一步研磨。根据颗粒大小魔芋粉分为魔芋精粉（粒度在 0.125～0.335 mm 的颗粒占 90%以上）、魔芋微粉（粒度≤0.125 mm 的颗粒占 90%以上）；根据魔芋粉中葡甘聚糖含量的多少，将其分为普通精粉、纯化精粉、普通微粉和纯化微粉。在魔芋的应用中，魔芋精粉加工是其利用的基础与关键，其品质的好坏直接关系到魔芋的应用条件及效果。魔芋粉的加工方法一般采用干法加工或湿法加工，其中利用湿式加工法制备魔芋精粉是近年来较为流行的一种新型工艺。

魔芋粉的干法加工是将魔芋干片采用物理机械分离方法制备精粉的过程。干法加工的方式有高压粉碎法、冷冻粉碎法、机械研磨粉碎法以及气流粉碎法等。如今锤片式魔芋精粉加工机的不断改进，逐渐成为我国魔芋粉加工的首选设备。利用高速旋转锤片的碰撞、摩擦和研磨，脱离了精粉粒子表面的杂质，再通过风力分离去除杂质，最终得到透明的魔芋精粉粒子。

干法加工对机器设备要求较高，加工成本也高。魔芋精粉干式加工法的优点是所需的机器设备较少，仅需切割设备、粉碎设备与干燥设备，成本较低。去除魔芋粉表面的杂质，纯度不高，干法加工也没法除去魔芋本身自带的异味杂质。魔芋粉湿法加工是将新鲜的魔芋清洗去皮后粉碎，在保护性溶剂的浸渍下，经过砂轮研磨、离心、去除小颗粒的淀粉等杂质，干燥后得到粉末，再进一步筛分、检验、均质和包装。

将两种常用加工方法进行对比，发现湿法加工的收成率比干法收成率高5%左右，湿法加工可更好地去除魔芋精粉内部杂质，魔芋精粉的黏度也比干法加工要好；但是湿法加工的设备相对投入比较高，而且鲜魔芋有季节性，能够加工的时间比较短，成本略高。

三、魔芋保健产品开发现状

随着对魔芋认识的不断提高，以及食品、医药行业科学技术的发展，魔芋精粉已被制作而成琳琅满目的系列产品，可作为食品的重要原料或作为各种食品、饮料、果冻、果汁等产品的添加剂。在医疗保健上可制成药剂，甚至是日用化妆品行业制作成各类护肤用品。

其中，以最优水蒸气透过系数的条件优化配方所制成的复合膜应用于鲜切生菜保鲜，并通过对比试验表明，魔芋葡甘聚糖复配膜表现出良好的贮藏特性，可防止食物营养成分的流失，保持了品质，并能有效抑制褐变。另外，魔芋葡甘聚糖还有很好的保水性，可以作为化妆品行业的补水成分。试验证实，以魔芋葡甘聚糖为主要原料，辅以补充剂，通过一定成膜工序，研制新型的具有温和润肤、保湿补水的魔芋营养面膜，或以魔芋葡苷聚糖、大豆分离蛋白（SPI）和胶原蛋白为主要原料，研制出滋润补水的复合眼贴膜。

近年来，以石油为原料的工业、化妆品行业和生物医药行业的收益高、强度大，所以得到了快速的发展，但是对环境造成一定的污染。随着污染的加大，政府部门也在设法寻找一种更绿色环保的材料去替代石油。大量的研究证实，魔芋葡甘聚糖可作为一种分子与聚乙烯醇等混合制备成一种新型的纳米材料，并且起到有效兼环保的作用。此外，环境中金属离子的存在会对人类的健康造成不良的影响，有学者利用魔芋的特性研究了可以吸附铜离子的吸附剂。

四、魔芋产品开发前景展望

科技迅猛发展，生活水平飞速提高，人们对生活质量提出了更高的要求。魔芋由于其拥有独特的营养和保健成分，作为一种新型的可食、可药、可日用的保健型材料，越来越受到人们的青睐。魔芋粉是魔芋的主要深加工成品，因其运输方便、储藏简单的特性，大大延长了魔芋的生产和使用周期。即便不是收获季节，各大企业仍然可以利用魔芋粉生产各种特色的魔芋产品。目前，魔芋粉的供求数量和品质得到了稳步的提升，但是由于魔芋原料的供给及加工特性的限制，国内生产魔芋粉的企业并不是很多，所以加强魔芋粉生产加工工艺的研究与优化，提高农产品加工行业对魔芋加工设备的认识，扩大魔芋粉在各类食品中的应用，这些对于推动饮食和工业、医药行业的结构改善，加强安全开发，促进农民增收，加快城乡统筹进程都具有积极的意义。

第三节　马铃薯葛根馒头理化及感官特性影响因素研究

在马铃薯全粉主粮食品（馒头、面条、面包、饺子皮、饼干）加工工艺研究取得突破性进展的基础上，四川马铃薯工程技术中心按照中心成立之初制订的产品开发计划，在马铃薯保健功能食品开发方面进行了初步尝试。

首先四川马铃薯工程技术中心对保健功能食品市场进行了深入调查。结果显示，目前对保健食品需求最强烈的是老年消费者。身处经济飞速发展，生活水平持续提高的时代，老年消费者不仅希望延长寿命，同时还追求生活品质，因此最基本的要求就是能够健康地活着。然而生活水平的提高使得中老年人群患心脑血管类和代谢类疾病的概率增加，很多老年人需要每天服药对病情加以控制，严重影响了其生活质量。由此可见，针对心脑血管疾病和代谢类疾病的保健食品（特别是主食）必将成为老年消费者的首选。

如前所述，葛根可通过改善血液循环缓解高血压，通过降低血清胆固醇降低血糖，同时对心脏功能及心肌代谢有积极影响。因此，针对老年消费群体开发的马铃薯保健主食选择葛根作为添加原料，主要研究葛根营养成分在马铃薯全粉主食中的保持程度以及葛根添加对主食品质的影响。

市场调研结果同时显示，中青年消费群体对减肥功能食品有着强烈需求。就马铃薯全粉主食而言，马铃薯中的抗性淀粉本身能够让人产生饱腹感，起到一定的减肥作用。然而国内外研究所证实的减肥功能更为显著的是魔芋，减肥的原因来自其特有的膳食纤维在人体胃内起到充盈作用，增加饱腹感，同时减少产热营养素的吸收。因此为了开发减肥效果显著的马铃薯全粉功能食品，研究方向确定在魔芋粉的添加。研究的重点仍然是魔芋营养成分在马铃薯全粉主食中的保持程度以及魔芋粉添加对主食品质的影响。

四川省凉山州出产葛根和魔芋，特别是营养价值更高的白魔芋。只要研究出既能保持保健食品添加物葛根或功能食品添加物魔芋的营养成分，又能保证主食产品主要品质质量指标的主食产品加工工艺，产品推广不受原料来源的限制，因此四川马铃薯工程技术中心论证马铃薯全粉保健功能食品开发有着广阔的市场前景。

四川马铃薯工程技术中心首先开发的是马铃薯全粉葛根馒头。项目基本要求是：马铃薯颗粒全粉含量大于 40%，达到主粮化要求；葛根粉的添加量必须到达长期食用具备保健功能；马铃薯全粉葛根馒头感官特性及品质质量与普通小麦粉馒头相比，不存在显著差异。

一、研究的背景和意义

馒头是传统中国主食，而将马铃薯全粉以足够比例（40%以上）加入小麦粉制作马铃薯馒头，是马铃薯主粮化的重要举措。在发达国家，马铃薯全粉作为制作方便食品原料的技术已经成熟，而在发展中国家，马铃薯的消耗还停留于直接食用阶段。目前，我国马铃薯产区已经具备就地生产马铃薯全粉的能力，为复合粉技术提供了可能。复合粉技术是指就地取材，在面粉中加入其他谷类或豆类，并以低成本加工出高质量食品的方法。该技术能补充小麦中所缺失的重要营养成分，均衡主食营养。马铃薯蛋白质营养价值高，易被人体吸收，具备和胃、调中、健脾、益气、强身益肾等保健功效。将马铃薯全粉以 1∶1 比例与小麦粉混合制作馒头,不仅切实实现了马铃薯主粮化，同时补充了馒头中的蛋白质、维生素 B_1、B_2、灰分、氨基酸等重要营养成分，提升了馒头的营养价值。

葛根中含有葛根素、黄豆苷、黄豆苷元、葛根苷、皂角苷、三萜类化合物和生物碱等黄酮类化合物，这类成分使葛根具备了脑保护、心血管保护、降糖、抗炎、抗骨质疏松、保肝等广泛的药理活性，是理想的脑保健食品。

研究采用相关性分析，以纯小麦面粉面团为对比组 A，以 1∶1 的比例混合小麦面粉与土豆全粉制作面团为实验组 B,在 30 g 小麦粉+30 g 土豆全粉混合粉中加入 2 g，4 g，8 g，12 g，16 g 葛根全粉制作面团分别为实验组 C、D、E、F、G，在相同的制作工艺条件下比较各实验组面团与对比组面团制作馒头的理化及感官特性差异，从而论证馒头这种传统中国主食中使用马铃薯全粉对小麦粉进行大比例替代的可能性及葛根含量与馒头理化及感官特性的相关性结论。在极大丰富馒头营养成分的同时保持其口感、风味及感官评价，成为营养价值高并具有市场推广价值的中国主食。

二、材料与方法

1. 材料与仪器

材料：新鲜马铃薯、面粉、葛根粉、安琪酵母、馒头改良剂。

仪器：醒发箱、恒温定时磁力搅拌器、电热鼓风干燥箱、微生物光照培养箱 BSG-250。

2. 方法

（1）面团的调制。

选用惠宜高筋面粉 200 g，添加蒸熟的新鲜马铃薯 200 g、安琪酵母 1 g、馒头改良剂 1 g，分别加入 0 g、2 g、4 g、8 g、12 g、16 g 葛根粉，所有材料混匀，揉至光滑，放入醒发箱中醒发，以不加马铃薯和葛根粉为空白。

（2）面团在发酵过程中相关指标的测定及实验设计。

将调制好的面团置于温度为 38 °C，湿度为 75% ~ 78%的醒发箱中是面团发酵。，分别取发酵时间为 0 min、30 min、60 min、90 min、120 min 的面团，测定面团的面筋含量和酵母菌，将发酵好的面团切成 4×7 cm 的面胚，上锅蒸 25 min，冷却 1 h，测定馒头的总酸度和 pH、还原糖、水分、高径比、比容。

（3）面团发酵力的测定。

参照《酵母发酵力测试方法》（GB/T 20886—2007）。每 20 min 计数一次，计数 180 min。

（4）馒头总酸度和 pH 的测定。

pH 参照《小麦粉馒头的方法测定》（GB/T 21118—2007）。

取 10 g 样品加入 90 g 水中，磁力搅拌 20 min，静置 10 min 后用校准好的 pH 计直接测定 pH。然后用 0.1 mol/L 的氢氧化钠滴定值 pH8.6，小号的氢氧化钠的体积为总酸度，每个样品重复三次操作取平均值。

（5）馒头还原糖的测定。

参照《食品中还原糖的测定》（GB/T 5009.7—2008），采用第一法“直接滴定法”测定还原糖的含量。

（6）馒头高径比的测定。

选取冷却 1 h 后的馒头三个，用游标卡尺测定馒头的高度和馒头的直径。对每个馒头样品在三个不同的位置分别测量三次，取平均值。馒头高径比为馒头高度的平均值与馒头直径的平均值之比。

$$S = \frac{h}{d}$$

式中　S——馒头高径比；

h——三个馒头高度的平均值，mm；

d——三个馒头直径的平均值，mm。

（7）馒头比容的测定。

按照《小麦粉馒头的方法测定》（GB/T 21118—2007）

$$\lambda = \frac{v}{w}$$

式中　λ——馒头比容，mL/g；

V——两次实验馒头体积的平均值，mL；

W——两次实验馒头重量的平均值，g。

三、结论与分析

1. 马铃薯葛根馒头理化特性分析

（1）马铃薯全粉的添加对面团发酵力的影响。

面团发酵力是指面团在发酵过程中 CO_2 的产气量，是影响馒头口感及感官评价的重要因素。对照组 A 与实验组 B（30 g 小麦粉+30 g 马铃薯全粉）面团发酵力的比较如图 4-1 所示。

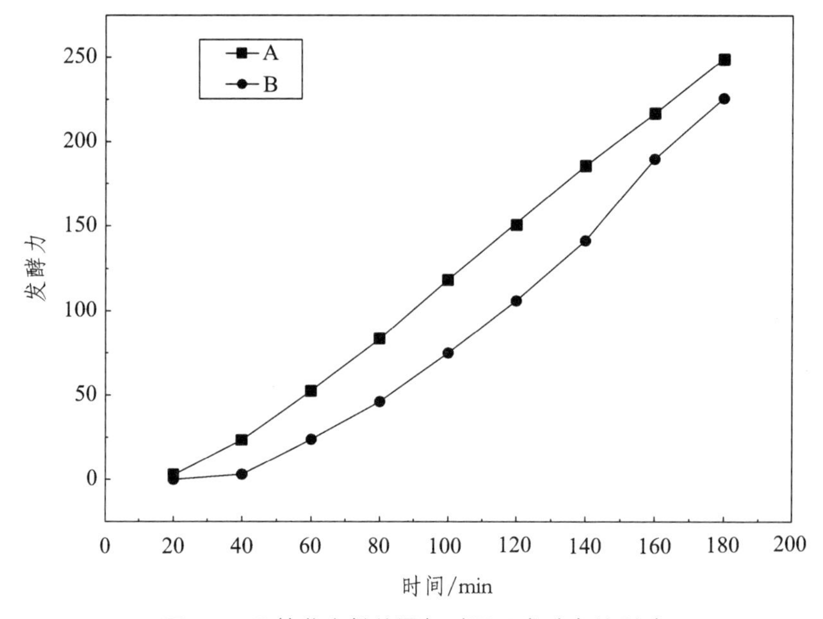

图 4-1　马铃薯全粉的添加对面团发酵力的影响

总量发酵时间的增加有助于增加馒头的发酵力，同时发酵时间与发酵力呈现了很好的线性关系。实验组 B 的发酵力总体低于对照组，其原因在于马铃薯全粉的加入降低了面团中麦芽糖的含量，从而抑制了与碳源消耗相关的基因复制，降低 CO_2 的产气量。实验组 B 在产气时间上滞后约 20 min，两组的产气速率几乎持平，在 140 ~ 180 min，实验组 B 的产气速率增加，缩小了与对比组发酵力的差距。发酵时间 3 h，实验组 B 的发酵力达到 226.83，虽仍低于对比组 A 的 249.24，但足以保证馒头的口感及感官品质。

（2）葛根的添加对面团发酵力的影响。

在 30 g 小麦粉+30 g 马铃薯全粉的混合粉中分别加入 2 g、4 g、8 g、12 g、16 g 葛根粉，面团发酵力变化如图 4-2 所示。

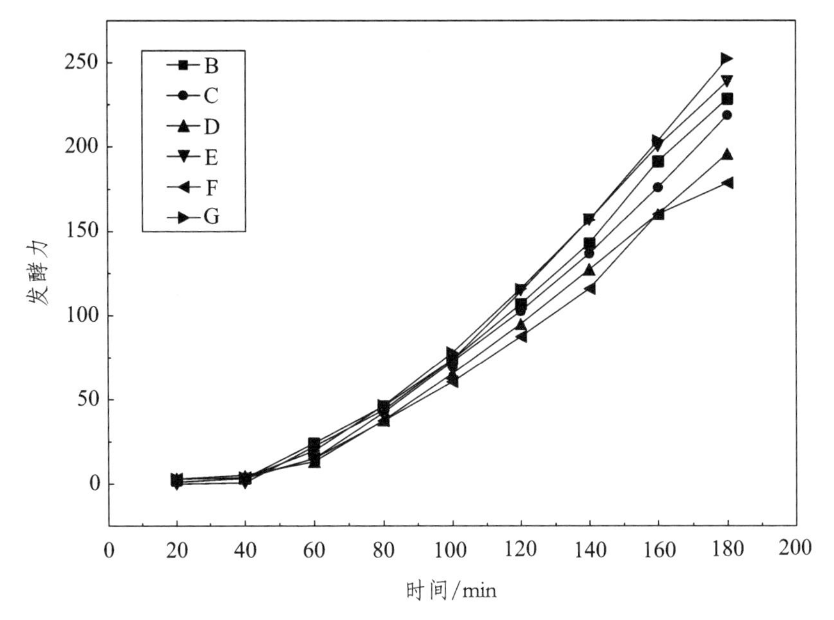

图 4-2　葛根的添加对面团发酵力的影响

随着发酵时间的增加，各实验组发酵力均呈上升趋势。图线密集，说明葛根粉的添加量对面团发酵力影响不显著，即葛根粉对麦芽糖透性酶转化影响不大。从图 4-2 可以看出，在发酵时间小于 40 min 时，6 组面团样品的发酵力基本保持一致，在 60 min 之后，发酵力才逐渐变化，且 6 条曲线变化趋势一致。葛根添加量小于 4 g，添加葛根实验组与未加葛根实验组比较可知，馒头发酵力呈现下降趋势。当葛根添加量大于 6 g，尤其是添加量为 16 g 时，可以看出面团发酵力在发酵时间为 3 h 时为最大值 250，与对照组相比提高了 30。可见葛根的添加在一定程度上对发酵力有促进作用，但添加量要达到一定限值。

（3）马铃薯及葛根的添加对馒头面团面筋水分含量的影响。

馒头面团的面筋水分含量决定了面筋的弹性及延伸性，从而影响面团在发酵过程中的充气能力及均匀性。在对照组及 30 g 小麦粉+30 g 马铃薯全粉的混合粉中分别加入 2 g、4 g、8 g、12 g、16 g 葛根粉的实验组中，面团面筋水分含量变化如图 4-3 所示。

结果显示马铃薯全粉及葛根粉的添加均显著降低了面团中的面筋水分含量，尤其是在发酵时间小于 40 min 的情况下。随着发酵时间的增加，各实验组的面筋水分含量与对照组的差距减小，该变化趋势与发酵力的变化趋势基本一致，由此可证明，面筋水分含量与面团发酵力相关。

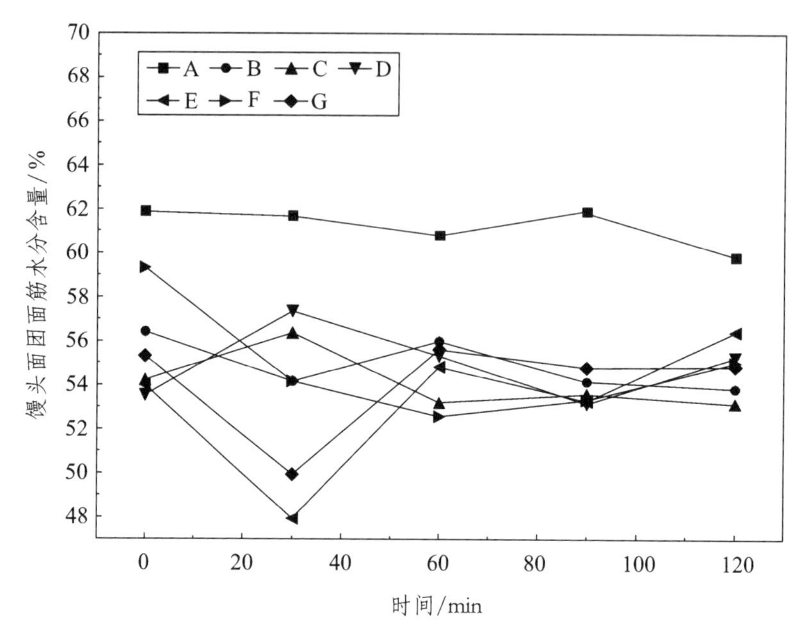

图 4-3　葛根的添加对馒头面团面筋水分的影响

（4）马铃薯全粉及葛根的添加对馒头还原糖的影响。

馒头中还原糖含量取决于发酵过程中酵母菌及其他菌群的生长繁殖能力。细菌越活跃，对原材料中的糖分消耗越大，则馒头中还原糖含量越低。馒头发酵过程中适当的糖化，能增加酵母发酵所需的营养，也产生良好的甜味，但糖化速度远远高于发酵速度，不但不会促进酵母产气，反而由于渗透压过高而抑制酵母生长。同时还会因 α-淀粉酶活性过高产生过量的糊精，影响其口感。在 30 g 小麦粉+30 g 马铃薯全粉的混合粉中分别加入 2 g、4 g、8 g、12 g、16 g 葛根粉，馒头还原糖变化如图 4-4 所示。

从图 4-4 可以明显看出，面粉中添加马铃薯全粉和葛根，馒头中还原糖的含量明显提高。但是 B-G 组馒头样品还原糖含量变化不大，在发酵时间为 2 h 时，葛根添加量分别为 2 g、4 g、6 g、12 g，还原糖含量约为 4%，相差不大。可见对馒头还原糖含量的增加起主导作用的并不是葛根，而是马铃薯全粉。

（5）马铃薯全粉及葛根的添加对马铃薯馒头 pH 的影响。

相同工艺条件下，馒头 pH 较低，面团酸化程度高，有利于促进淀粉酶及蛋白酶活化，从而改善馒头的质构特性，提高馒头的感官评价及品质。同时酸度决定了馒头的口感及对胃肠的刺激程度。由于面筋发酵过程中 pH 降低引起的馒头酸度增加会降低馒头口感并增加食用后人体的肠胃不适。在 30 g 小麦粉+30 g 马铃薯全粉的混合粉中分别加入 2 g、4 g、8 g、 12 g、16 g 葛根粉，面团 pH 变化如图 4-5 所示。

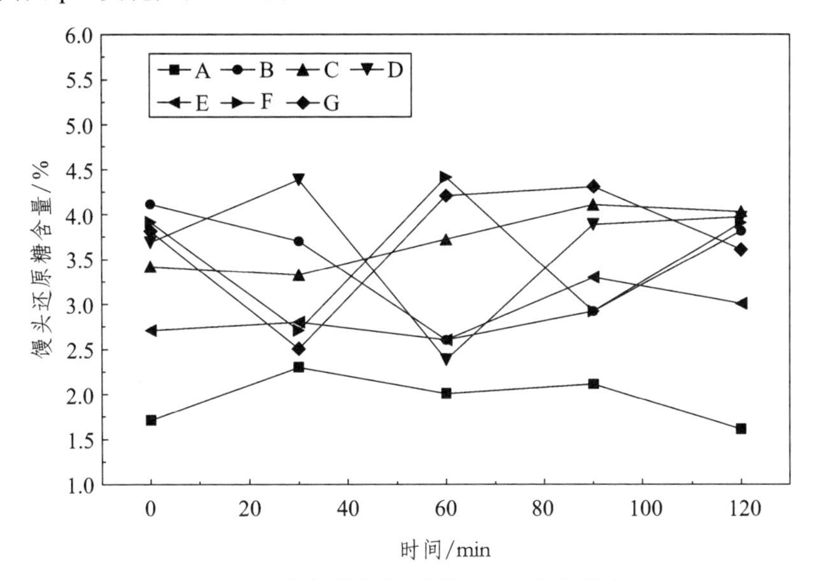

图 4-4　葛根的添加对馒头还原糖的影响

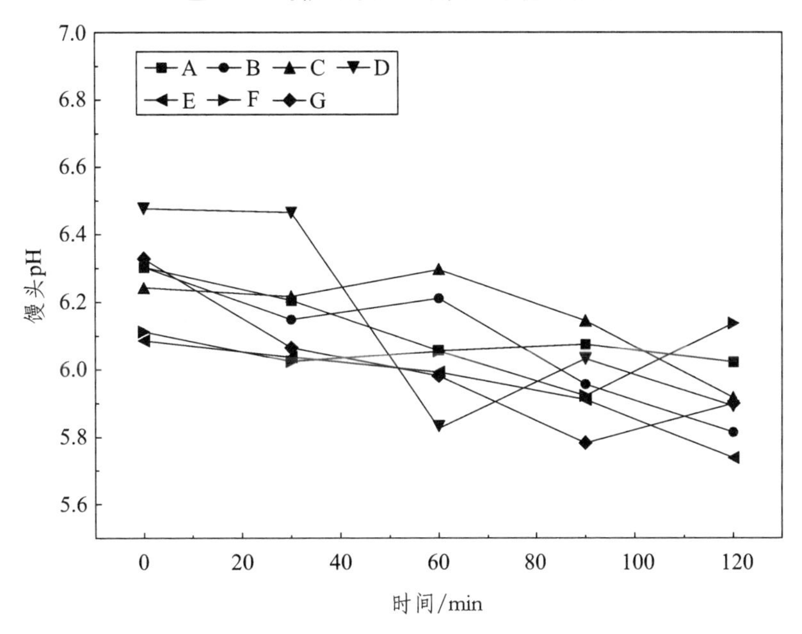

图 4-5　马铃薯全粉、葛根粉的添加对馒头 pH 的影响

从发酵时间来看，随着时间的增长，各实验组 pH 都有逐渐减小的趋势。

对照组 A 在发酵时间超过 30 min 后，馒头 pH 稳定在 6.1 左右，对应面团的 pH 约为 4，该酸性环境对应面粉蛋白酶具有最大活性，同时也最适合激发面筋中蛋白水解酶的活性。发酵时间超过 90 min，均有五组实验组面团的 pH 小于对照组。发酵时间 120 min，实验组 B，C，D，E，F，G 的 pH 分别为 5.84，5.95，5.94，5.76，6.20，5.94，与对照组 A 的 6.07 差异不大，说明马铃薯全粉及葛根粉的添加不会显著破坏面团的发酵环境，从而保证馒头的品质。

2. 马铃薯葛根馒头感官特性分析

（1）马铃薯全粉及葛根的添加对马铃薯馒头高径比的影响。

馒头的外形是馒头感官评分的一个重要指标，好馒头在外形上应该对称、饱满、无缺损、挺立。挺立程度一般以高径比来衡量：高径比=馒头的高度/馒头的直径，一般馒头要求高径比大于 0.6。在 30 g 小麦粉+30 g 马铃薯全粉的混合粉中分别加入 2 g、4 g、8 g、12 g、16 g 葛根粉，馒头高径比变化如图 4-6 所示。

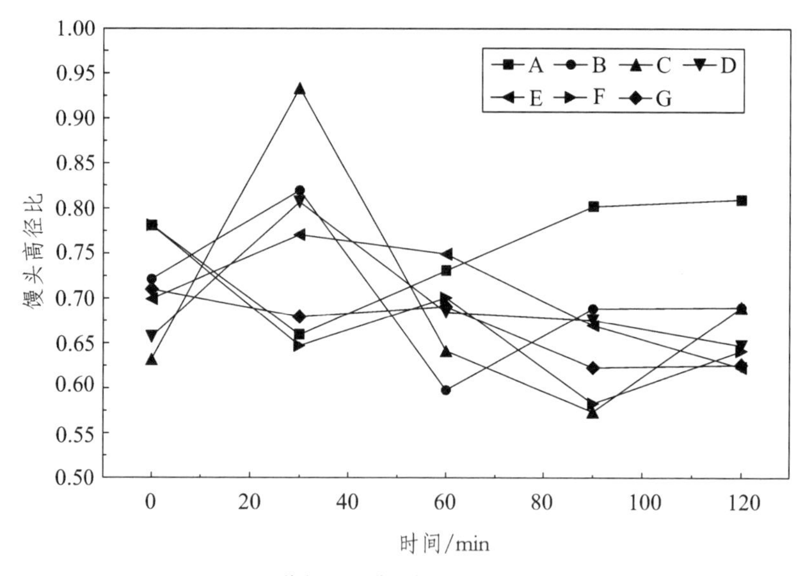

图 4-6 葛根的添加对馒头高径比的影响

从图 4-6 可知馒头的高径比受发酵时间影响很大。从图 4-6 可以看出，在 t=30 min 时，馒头高径比出现峰值。在葛根添加量为 2 g 时，高径比达到 0.81。在 t=90 min 时，馒头高径比普遍较低，最低为 0.57。葛根和马铃薯全粉的添加在一定程度上使馒头高径比降低。在发酵时间为 2 h 时，葛根添加量分别为 0 g、2 g、4 g、8 g、12 g、16 g，馒头高径比分别为 0.69、0.69、0.65、0.62、

0.64 和 0.63。虽然葛根的添加对馒头高径比有一定影响，但对其外观挺立程度影响不大，且均能满足感官指标的要求。

（2）马铃薯全粉及葛根的添加对馒头比容的影响。

比容=馒头的体积/馒头的重量。中国北方馒头多作主食，要求有一定的咬劲，比容过大则口感偏软、发虚；南方馒头本身就是一种点心，要求比容较小。一般馒头的比容在 2.0～3.0 之间。北方馒头比容在 1.7～2.3 之间，南方馒头即甜馒头的比容在 2.3～3.0 之间。在 30 g 小麦粉+30 g 马铃薯全粉的混合粉中分别加入 2 g、4 g、8 g、12 g、16 g 葛根粉，馒头比容变化如图 4-7 所示。

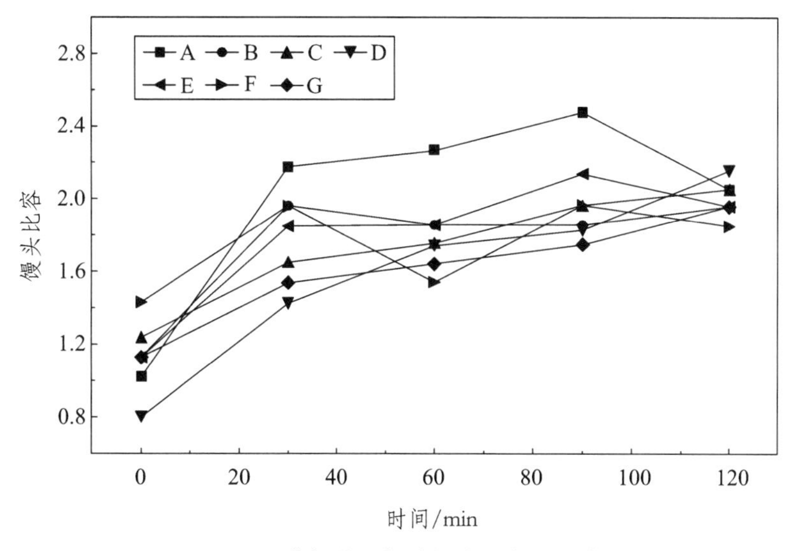

图 4-7　葛根的添加对馒头比容的影响

在发酵时间大于 50 min 后，随着葛根添加量增加，馒头比容降低，馒头咬劲增加。马铃薯全粉和葛根的添加在一定程度上可降低馒头的比容，但影响不大。尤其是随着发酵时间的增加，实验组与空白对照组相比，馒头比容基本一致约为 2.0，均能达到要求。

四、结　论

在小麦粉中添加 50% 的马铃薯全粉，以及在 30 g 小麦粉+30 g 马铃薯全粉的混合粉中分别加入 2 g、4 g、8 g、12 g、16 g 葛根粉，对馒头面团发酵力及馒头品质进行相关性分析，得出结论如下。

（1）用 50%马铃薯全粉替代小麦粉制作马铃薯馒头，面团发酵力下降。

随着发酵时间的延长，与小麦粉馒头面团发酵力的差距减小。发酵时间 3 h 所对应的 226.83 的发酵力足以保证馒头品质，并具有更丰富的营养。因此制作高比例马铃薯全粉馒头可行。

（2）在马铃薯馒头原料中添加不同比例的葛根粉，对面团发酵力影响不大。因此其添加比例主要考虑馒头的营养价值及品质。

（3）葛根的添加降低了马铃薯馒头面团中面筋水分含量，从而使面团发酵力下降。

（4）马铃薯葛根馒头中还原糖明显高于小麦粉馒头。其中起主导作用的是马铃薯全粉。1.5 h 发酵时间，实验组 F 对应 2.9%的还原糖含量说明可以通过调整葛根添加量来控制馒头中还原糖含量，从而保证马铃薯葛根馒头的口感及品质。

（5）马铃薯葛根馒头酸度值略高于小麦粉馒头，能保证发酵所需的酸性环境，但应当在发酵结束后对面团进行酸度控制以保证馒头口感。

（6）马铃薯全粉及葛根粉的添加对馒头比容及高径比均有影响，从而影响馒头的感官品质。但均在可接受范围内：高径比大于 0.6，比容在 2 ~ 3 范围内。

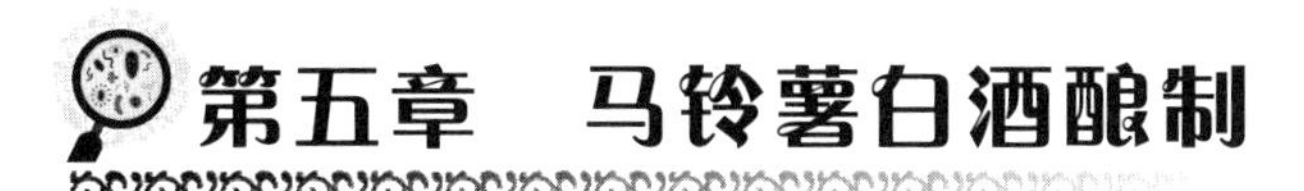

第五章　马铃薯白酒酿制

第一节　中国白酒概况

白酒是中国传统的蒸馏酒，因其大多数产品呈无色、透明状态而命名。同时，由于高酒度的白酒能够点燃，所以白酒又名烧酒。外国人对中国白酒了解甚少，也很少饮用，他们通常称白葡萄酒为白酒。事实上两者的概念大不相同，这正如中国人传统上将采用红曲制成的黄酒称之为红酒，而法国人则把红葡萄酒称为红酒一样，完全是由于文化习惯不同而形成的差别。

中国白酒历史悠久，品种繁多，是世界著名的六大蒸馏酒之一（其余五种分别是白兰地、威士忌、朗姆酒、伏特加和金酒）。中国白酒在工艺上比世界其他各国的蒸馏酒复杂很多，原料各种各样，酒的特点风格众多。例如根据白酒的香型，中国白酒可以分为酱香型、浓香型、清香型、米香型和其他香型等，它们的代表产品分别为贵州茅台酒、四川泸州老窖、山西汾酒、桂林三花酒和山西西凤酒等。中国白酒在饮料酒中独具风格，与世界其他国家的蒸馏酒相比，我国白酒具有特殊的不可比拟的风味：酒色晶莹、无色透明、香气宜人。各种香型的酒各有特色：香气馥郁、纯净、溢香好、余香不尽；口味醇厚绵柔，甘醇清冽，酒体协调，回味悠久，爽口尾尽。其味优美变化无穷，给人极大的欢愉和幸福之感。

作为蒸馏酒，中国白酒一般不含有酿造酒中不挥发的糖类、氨基酸、维生素等营养物质和保健成分，更不可能含有类似葡萄酒中能预防癌变的白藜芦醇之类的特殊成分。尽管呈现白酒香味的醇、醛、酮、酸、酯等几大类成分，往往在酿造酒中也能找到（因为它们均为酒类发酵的产物），但在含量及相互之间的量比关系上却相差很多，故在成品酒的风味、风格上存在着极大的差异，实际效果也大不相同。

一、中国白酒的起源

中国酒的历史十分久远，在仰韶文化遗址中，出土了许多形状和甲骨文、金文的酒字非常相似的陶罐。这一点说明了早在距今 6 000 多年以前，中国酒就已经产生了。

我国是世界上最早制曲酿酒的国家，国外用酵母法酿酒比我国晚了 1 000 多年。用蒸馏法酿酒也是我国首创。据可靠记载，我国元代就有了烧酒，然而白酒的准确起源时间，众说纷纭。

1. 蒸馏酒始创于东汉

近年发现了东汉时期的青铜蒸馏器。该蒸馏器的年代，经过青铜专家鉴定是东汉早期或中期。用此蒸馏器做蒸馏实验，蒸出了酒度为 26.6% ~ 30.4% 的蒸馏酒。另外在安徽滁州黄泥乡也出土了一件几乎一模一样的青铜蒸馏器。但研究人员并未认定此蒸馏器是用来蒸馏酒的，因此蒸馏酒起源于东汉的观点，目前没有被广泛接受。因为仅靠用途不明的蒸馏器很难说明问题，另外，东汉众多的酿酒史料中都未能找到任何蒸馏酒的记载，缺乏文字资料的佐证。

2. 蒸馏酒始创于唐代说

蒸馏酒是否始创于唐代，一直是人们所关注的问题。虽然唐代的文献中没有关于白酒生产的记载，但烧酒、蒸馏酒等词已经出现在唐代的文献中。如白居易的《长庆集》之十八《荔枝楼对酒》一诗中“自到成都烧酒熟，不思身更入长安”的诗句。李肇在《国史补》中罗列的一些名酒中有“酒则有剑南之烧春”的记载。由此可见，在唐代烧酒一名就已广为流传了。而很多现代人相信这里所记载的烧酒就是蒸馏酒。

3. 蒸馏酒始创于宋代说

宋代的文献中出现了“蒸酒、白酒、烧酒”的名称。如苏舜卿的诗中有“时有飘梅应得句，苦无蒸酒可沾巾”的句子。赵希鹄的《调类编》中说：“烧酒醉不醒者，急用绿豆粉荡皮切片，将筋撬开口，用冷水送粉片下喉即安”。此外，宋代史籍中已有蒸馏器的记载是支持这一观点的最重要的依据之一。南宋张世南在《游宦纪闻》卷五中记载了一例蒸馏器，用于蒸馏花露。宋代的《丹房须知》一书中还画有当时蒸馏器的图形。书里所指的烧酒，被认为应是蒸馏烧酒。

4. 蒸馏酒始创于元代说

明代药物学家李时珍在著名的《本草纲目》一书中写道：“烧酒非古法也，自元时始创，其法用浓酒和糟入甑，蒸令汽上，用器蒸取滴露。凡酸坏之酒皆可蒸烧。近时惟以糯米或黍或林或大麦蒸熟，和曲酿瓮中七日，以甑蒸好，其清如水，味极浓烈，盖酒录也。”由此可见，我国在 14 世纪初就已有蒸馏酒。但是否始创于元代，史料中没有明确说明。

中国白酒的起源虽然没有准确的考证，但毫无疑问的是中国的白酒必定有着悠久的历史，随着时间的推移，早已成为我国传统文化的一个重要组成部分。

二、中国白酒的分类

白酒是我国各种蒸馏酒的总称，由于我国地大物博，各地主要的酿酒原料以及酿造工艺有很大的区别，造成了我国白酒的多种风格类型。

从文史资料的角度考察，古代的蒸馏酒分为南北两大类型。如在明代，蒸馏酒就起码分为两大流派。一类为南方烧酒，《金瓶梅词话》中的烧酒种类除了有“烧酒”（未注明产地）外，还有“南烧酒”这一名称。在北方除了粮食原料酿造的蒸馏酒外，还有西北的葡萄烧酒，内蒙古的马乳烧酒。在南方还可以分为西南（以四川、贵州为中心）及中南和东南（包括广西、广东）两种类型。这样也只是粗略的分类。

我国烧酒风格的多样性主要是由酿造原料以及酿造工艺、技术等综合因素造成的。

首先按照原料不同有粮食白酒和代用原料白酒之分。

这里的粮食是指传统粮食：高粱、糯米、大米、玉米、小麦、青稞等。代用原料指的是非粮谷类含淀粉和糖类的薯类、糖蜜等。

我国北方盛产小麦、高粱，而南方盛产稻米，广西一带出产苞米，新疆盛产葡萄。因此蒸馏烧酒的酿造原料的选择也是因地制宜，各地采用不同原料来酿造烧酒也是理所当然。在蒸馏酒发展的初期，人们并不清楚究竟哪一种原料最适合酿造烧酒，经过长时间的比较分析，才逐渐认识到不同原料所酿造的烧酒的区别，对不同原料酿造烧酒的规律及特点有了更深的、较为统一的看法。

（1）高粱酒。

在古代，高粱烧酒受到交口称赞。清代后期成书的《浪迹丛谈续谈三谈》在评论各地的烧酒时说：“今各地皆有烧酒，而以高粱所酿为最正。北方之沛酒、潞酒、汾酒皆高粱所为。”清代后期至民国时期，高粱酒几乎成了烧酒的专用名称，主要是由于高粱原料的特性所决定的。

（2）杂粮酒。

西南地区的烧酒在选料方面大概继承了其饮食特点，为强调酒香及酒体的丰富，采用各种原料，按一定的比例搭配发酵酿造。据四川博物馆的有关资料，四川宜宾的五粮液酒在明代隆庆至万历年间就被称为“杂粮酒”，所用的混合原料中有高粱、大米、糯米、荞麦、玉米等。

（3）米烧酒。

东南一带，米烧酒盛行。如明末清初成书的《沈氏农书》中曾提到，米烧酒和大麦烧酒相比，后者的口味“粗猛”，质量不及前者。

（4）糟烧酒。

糟烧酒主产于南方黄酒产区，以黄酒压榨后的糟粕为原料，进一步发酵后经蒸馏而成。《沈氏农书》中记载了用黄酒糟来制造糟烧酒的方法。

经过长期的品尝比较，人们认识到不同的原料所酿造的烧酒各自的特点，总结如下：高粱香，玉米甜，大米净，大麦冲。

按照产品香型的不同，中国白酒有酱香型、浓香型、清香型、米香型及其他香型白酒之分。

由于烧酒的主要特点是酒精浓度高，许多芳香成分在酒中的浓度是因为酒精度而提高的，酒的香气成分及其浓淡成了判断烧酒质量的标准之一。

从元代开始，蒸馏酒在文献中已经有明确的记载。经过数百年的发展，我国蒸馏酒形成了几大流派，如清蒸清烧二遍的清香型酒（以汾酒为代表），有混蒸混烧续糟法老窖发酵的浓香型酒（以泸州老窖为代表），有大小曲并用，采用独特的串香工艺酿造得到的董酒，有先培菌糖化后发酵，液态蒸馏的三花酒，还有富有广东特色的玉冰烧，黄酒糟再次发酵蒸馏得到的糟烧酒。此外还有葡萄烧酒、马奶烧酒等等。

关于中国白酒的其他的分类方法还很多，如按照生产方法的不同，可以分为固态法、半固态法、液态法白酒；按糖化发酵剂不同有大曲白酒、小曲白酒和麸曲白酒之分；按照产品酒度不同有高度（酒度在 51%以上）白酒、降度（酒度在 41%～50%）白酒和低度（酒度在 40%以下）白酒之分。

三、中国白酒的风味

白酒的风味，就是指由白酒的色、香、味共同组成的具有独特的典型性，也是香气和口味协调平衡的综合感觉，与其所含主要香味成分有直接关系。白酒中主要成分是乙醇和水，约占总重量的 98%，而香味成分（酸、酯、醇、醛及芳香族化合物等）仅占 2%，却决定着酒的香气、香型与风格，由此产生中国白酒的不同流派。

第二节　中国白酒产业的现状与发展

在悠悠五千年中华历史长河中，酒和酒文化一直占据着重要地位。酒于中国人而言不仅仅是一种饮品，更是一种文化的载体。由酒可联想到唐诗，可联想到曲水流觞的文人雅致。但毫无疑问，白酒是一种产品，在中国，白酒生产是一个规模宏大的产业，具有非常可观的市场潜力。当前的中国已进入一个白酒的理性消费的时代，这给白酒企业带来了诸多新的挑战和压力。

一、中国白酒产业现状分析

白酒属于蒸馏酒，并且是中国特有的一种蒸馏酒，与白兰地（Brandy）、威士忌（Whisky）、伏特加（Vodka）、金酒（Gin）、朗姆酒（Rum）并称为世界六大蒸馏酒。在中国是这么定义白酒的：以粮谷为主要原料，以大曲、小曲或麸曲及酒母等为糖化发酵剂，经蒸煮、糖化、发酵、蒸馏而制成的蒸馏酒，其酒精含量较高，气味芳香纯正，入口绵甜爽净。目前，中国白酒生产企业有 37 000 多家，其中有 3 000 多属于品牌白酒，市场竞争非常激烈。其中不仅有盘踞高端品牌市场的巨头，如四川五粮液集团、贵州茅台集团，也有乘国家调节白酒税收之机而迅速崛起的中低端地产酒。中国白酒产量不断扩大，2016 年白酒产量累计 1 358.4 万千升，比上年增长 3.2%。在这不断变化和扩大的市场中，中国白酒产业又呈现出什么特点以及面临什么样的变化呢？

1. 中国白酒产业周期性波动特征明显，产量稳步增长

如图 5-1 所示，1992—2016 年，中国白酒产量呈现出明显的周期性波动。1992—2004 年是一个周期，从 2005 年开始，包括 2016 年是一个周期。并且从总体上来说，中国白酒产量是稳步增长的。如果暂且把 2016 年作为本周期的高点，那么比前期高点 1997 年的 801.3 万千升，增长了 70%。从以上分析可看出，白酒产业是一个具有明显周期性特征的产业，其产量是稳步增长，市场不断扩大。

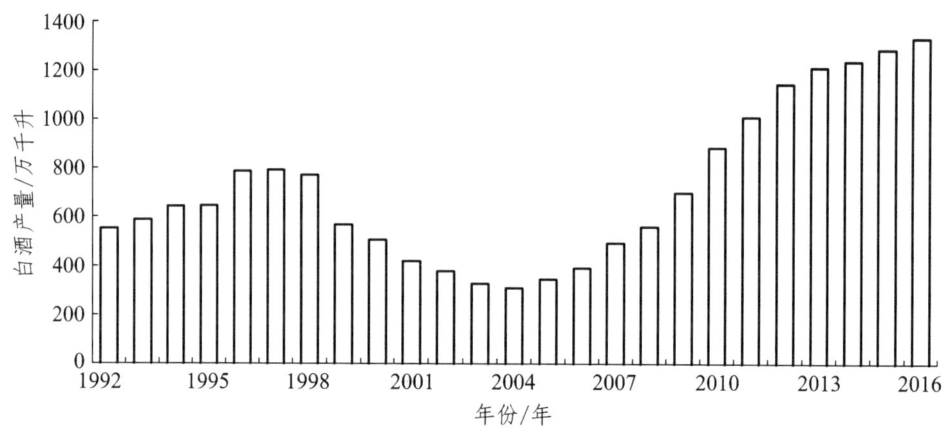

图 5-1 中国白酒 1992—2016 年产量

2. 中国白酒产业地域分布广，行业集中度低

中国白酒生产地域分布广，几乎各个省份都有白酒的生产。以 3 000 多个白酒品牌为例，从生产分布状况来看，28%的产量来自四川，四川省不愧为中国白酒第一大省；排在第二梯队的是山东、河南、江苏和湖北，四省白酒产量占全国的 31%；第三梯队包括内蒙古、吉林、黑龙江、安徽和辽宁，五省白酒产量占全国的 22%；剩下的 19%则分布在其他各地。可见中国白酒产区分布广，集中度低。

3. 中国白酒产业的中高端产品市场发展快速

随着国民收入的不断提高，白酒市场的消费偏好不断倾向中高端产品。据中国酿酒工业协会白酒分会的一份《中国白酒行业发展报告》显示，中国中高端白酒（价格在 300 元以上）在 2016 年市场占有率为 75%，而在 2011 年中高端白酒的市场占比只有 55%，可见在短短五年间中高端白酒的增速之快。这其中又呈现出高端白酒市场高度集中的态势，五粮液和茅台就占到高端白酒市场的 75%，而中端白酒市场则是品牌多，生产企业多，竞争相当激烈。低端白酒市场则以地产酒为主，具有明显的地域特点。

4. 中国白酒以内销为主，进出口规模小

中国白酒产量以国内市场销售为主，以 2012 年为例，2012 年中国白酒产量达到 1 153.2 万千升，而出口则刚刚突破 1 万千升，仅占总产量的 1‰。即使是在 2016 年，出口量也仅为 1.6 万千升，仅占总产量 1.2‰，同比增长 9.8%。即使白酒出口量持续增长，但出口占比以及出口规模仍然极小。从国内白酒进口市场来看，2016年为160.22万升，同比增长39%，而同期中国白酒出口的增长则是9.8%。综合出口来看，虽然中国白酒保持对外贸易的顺差，但很明显进口增速超过出口。

5. 白酒市场被其他品种挤占

白酒在中国市场属于传统产品，而在近几年一些更能获年轻人青睐的产品，如啤酒、葡萄酒等无论是产量还是销量的增速远超白酒。以葡萄酒为例，国内产量以超过10%的速度增长，葡萄酒的进口增速则达到20%以上。虽然白酒产量也在不断增长，但增速只有3%左右。可见在酒消费市场总体扩大的前提下，实际上啤酒、葡萄酒等一些酒产品已经出现对白酒的相对挤压。

二、中国白酒产业面临的挑战

综合以上对中国白酒产业和市场的分析，目前，由于白酒生产的技术和资本门槛低，所以中国白酒产业面临着同类产品的同质化竞争，再加上进口酒类的挤占、消费结构的变化等因素，形势相当严峻。

1. 中国白酒市场同质化竞争激烈

同质化现象主要体现在中低端品牌市场，由于白酒生产进入门槛较低，导致白酒生产企业数量众多，良莠不齐。高端白酒市场基本上处于双寡头垄断，五粮液和茅台两分天下，几乎占据高端白酒市场的80%。由于五粮液和茅台凭借着出色的品牌管理以及优良品质和醇香口味，在高端白酒市场具有先行优势，给后进入者造成了一个极高的门槛。因此众多白酒生产企业主要集中在中低端市场，众多品牌想要突围，但由于在市场开发和消费习惯培育方面缺乏对生产技术深入研究与实践，因此很难形成特有的品牌风格从而构成产品差异性。这又导致很多白酒企业另辟蹊径，将功夫放在酒之外，比如在产品包装上过多做文章，反而忽视产品本身，本末倒置。因此无法构成产品的核心竞争力。另外，大多数白酒企业急功近利，同时也为了节约成本，没有做市场细分，没有制订自己的营销策略和渠道，从而也就无法培育出拥有一定忠诚度的消费市场，这就导致中低端品牌的白酒市场陷入愈演愈烈的同质化竞争。

2. 中国白酒企业缺乏有效的品牌管理

中国很多白酒企业缺乏对品牌的整体规划和有效管理，具体表现在：一是产品定位不明确，品牌形象个性不鲜明，没有赋予产品特有的气质，也就无法构成产品竞争力的差异性，因此很难培养出特定的忠诚消费群；二是品牌内涵没有很好地注入中国传统文化元素，一方面对中国酒文化没有起到有效的传承和发扬，另一方面也没借助传统的酒文化来构筑产品的竞争优势；三是品牌形象缺乏有效的维护，很多白酒企业对品牌进行过度的延伸，品牌开发过多过快，从而影响品牌的核心价值。

3. 中国白酒企业缺乏多渠道营销和推广

大多数白酒企业缺乏整体的经营战略，从市场细分、产品定位到产品的营销缺乏系统全面的分析及认证。目前中国白酒营销仍然是以传统流通渠道，比如批发商、较大的零售商，以及商超、大中型餐饮业等这些方式为主。高端白酒品牌如茅台、五粮液则更倾向于专卖店的直营模式。互联网销售在酒业仅占行业总容量的 5%，而服装业这个数据达到 20%。可见其销售方式缺乏多样性和个性化。在当前白酒企业的推广手段中，主要依赖于电视、广播、报纸和网络等媒体广告，以及终端推介。而国外的酒类则有着一套完全成熟、专业的推广模式。国外一般以专业会展为酒类推广的主渠道，据相关数据表明，国外酒类推广渠道主要是依赖赛事和公益活动的赞助、品酒会、展会、直销以及媒体宣传。相比较而言，推广手段匮乏使得国内的白酒在企业形象的树立、品牌的特性、信息的传递与反馈以及客户的体验，缺乏有效的渠道。

4. 中国白酒产业国际化程度低

中国白酒的国际化程度低，这与驰名中外的中国酒文化与酿酒技术呈现出强烈的反差。中国白酒销售主要集中在国内，并未对国际白酒消费市场进行重点培育、开拓。虽然近年来由于国内市场日趋饱和，同时又被其他酒品所挤占，因此国内白酒企业开始重视国际市场的开拓，然而出口虽有所扩大，但规模仍然极小。同时由于英国苏格兰威士忌、法国干邑白兰地等世界著名蒸馏酒一直以来致力于国际市场的推广，在国际市场占据了绝对的份额，而中国白酒出口仅占世界酒贸易额的 1‰。与此同时，即使是在高进口关税壁垒下国外蒸馏酒进口占国内蒸馏酒市场的 10%。进口葡萄酒的国内市场占有率则更高，达到 35%。不难看出中国白酒国际化还没迈开步子，但是国外的白酒却已经兵临城下了。

5. 中国白酒国际标准不完善

目前中国白酒国际标准体系甚至国内标准体系还未完善，主要在于缺乏一个全面的、系统的质量及环境标准，还仅停留在产品标准层面。对白酒生产过程、原材料及中间产品质量、生产设备安全、包装材料等缺少相应的标准，因而时有酒鬼酒塑化剂事件的发生，影响了整个白酒企业。

三、促进中国白酒产业发展的对策与建议

互联网技术的广泛应用以及大数据时代的到来，势必会给传统的白酒产业和市场带来巨大的变化，能否在产品、渠道及促销进行创新，是能否在今后白酒市场竞争中取胜的关键因素。

（1）立足于产品质量的坚守和推动科研和技术的创新。

无论市场如何变幻，质量永远都是产品屹立于市场的根基。中国白酒是世界上工艺最复杂、生产周期最长的蒸馏酒，这中间不仅关乎产品的质量，也是中国酿酒工艺的传承和中国酒文化的承载，所以这个品质的坚守是白酒生产企业的灵魂，要在此基础上推动白酒生产的研发和技术的创新。比如，通过对白酒中微量成分的分析，结合消费者的口味，研发出具有特定口味的白酒新产品。此外，在生产工艺、相关生产设备以及酿造到贮存过程控制的技术手段等方面需要科技创新。提高技术储备，做到全过程、全方位的质量控制，才能真正增强中国白酒产业的竞争力。

（2）加强营销渠道的创新。

营销渠道可以说是白酒企业除了品牌力以外最大的竞争优势，白酒行业的渠道模式在发展过程中不断推陈出新以及模仿复制，随着市场竞争的加剧和白酒行业渠道运作能力的普遍提升，单一的渠道模式已经很难取得有效的结果。这就需要白酒企业转变观念，从渠道驱动转为消费者驱动，充分利用大数据分析，突出产品的差异性，最大限度满足消费者的消费偏好。同时，增加消费体验渠道，构建特定消费群，通过消费者领袖来更好地与特定圈层进行互动，从而推动销售。白酒行业从最早 B2C 酒类巨头酒仙网、买酒网等，到近年 1919 酒类连锁等 O2O 平台线上线下加快转型，这对白酒企业和酒商来说必须得重视线上线下有机结合，充分利用互联网酒业电商平台，重建健康有效的营销渠道，这将是今后重点思考并实践的战略命题。

（3）重构服务体系，积极创新消费文化。

消费者在文化、认识、生活方式及市场接受等方面的差异都会反映在消费行为上。因此，如何充分认识和细分白酒消费偏好的差异，重构对消费者的服务体系极为重要。一是要了解并认识消费者在文化和精神层面的需求，这需要在品质、口味等方面以外提高文化附加值，得到感性层面的价值延伸，从而满足不同消费者在情感和精神层面的不同需求。二是营造文化氛围引导

群体消费时尚。比如采用会所式、酒庄式或文化场馆式的营销方式，通过消费群体的实体体验，培养和引领消费者对该品牌白酒的共同兴趣和鉴赏，从而达成一致的消费方式；三是充分挖掘白酒作为文化载体的鉴赏价值和收藏价值，传承和发扬中国传统酒文化。

（4）积极利用资本整合做大做强。

随着 2016 年古井整合黄鹤楼，洋河整合贵酒的启动，我国掀起了白酒行业的并购整合。通过资本整合是白酒企业做大做强的一个助力平台。如帝亚吉欧和保乐力加，就是充分利用资本运作进行纵向和横向的并购整合，从而扩大并提升自身的竞争优势。茅台集团、五粮液、泸州老窖、古井等是这一方向的实践者。国内白酒产业以往倾向于横向之间也即品牌白酒之间的并购和整合，而今后可能酒厂对酒商、酒商对酒厂垂直一体化投资将在酒业资本化进程中涌现。而另一特点是，在资本市场中地产酒企业因其规模小、成长空间大和成长速度快，而颇受资本的青睐。地产酒成为资本的投资、并购对象，必将搅动白酒市场竞争格局，白酒市场的竞争更加激烈。但这于地产白酒生产企业来讲不可谓不是突出重围的绝佳途径。

（5）中国白酒产业需借鉴经验拓展国际市场。

中国白酒要走向国际市场，除立足于产品品质和品牌文化，还需要学习和借鉴国外先进经验。包括全面并严格的标准体系和严厉的知识产权保护体系，比如英国就通过立法对威士忌的生产全过程建立严格的标准体系把控质量，以及对假冒伪劣侵犯知识产权的行为进行全球性的追踪和打击，很好地维护了威士忌生产企业的利益以及在全球的质量信誉。这才能彻底避免诸如酒鬼酒塑化剂事件的再次发生，重塑中国白酒国际市场形象必须具备的条件。

白酒在酿造还是作为终端产品，无处不凝结着中国的传统文化，同时也是中国人人际交往的重要媒介，传承至今，可见其悠长的生命力。不管世事如何变迁，相信中国白酒在未来仍然有着巨大的市场空间，当然中国的白酒企业必须顺应潮流，依托中国传统酒文化，做好自己的品牌定位，才能在市场竞争中屹立不倒、发扬光大。

第三节　白酒固态发酵技术

四川马铃薯工程技术中心就是在传统中国白酒固态发酵技术及工艺的基础上，结合伏特加蒸馏酒的酿造工艺技术，以 100%的马铃薯为原料，进行了“马铃薯白酒固态发酵工艺及技术”课题的研究，因此对我国传统白酒固态发酵技术做以下介绍。

固态发酵是微生物在没有或基本没有游离水的固态基质上的发酵方式，固态基质中气、液、固三相并存，即多孔性的固态基质中含有水和水不溶性物质。当前我国的固态发酵白酒生产工艺还存在着一些不足，本节主要对固态发酵白酒生产工艺过程进行分析。

一、固态发酵白酒的优点

我国白酒按基础香型分为浓、清、酱、米、兼香五大香型，现在已衍生出十二大香型。根据酿造方式的不同，目前国内白酒基本可以分为纯粮固态发酵白酒和新工艺白酒。纯粮固态发酵白酒是中华民族传统食品产业的代表，是指采用纯粹的粮食为原料，用曲经固态糖化、固态发酵、固态蒸馏后贮存、勾调生产出的优质白酒。固态发酵白酒的优点主要是与液态发酵白酒相比而得出的，主要有如下几个方面。

（1）固态发酵的基质水不溶性较高，使得其环境较适合微生物的生长，酶的活力较高，酶系丰富。

（2）固态发酵的整个过程较为粗放，对环境的要求较低，不需要在无菌的条件下即可生产。

（3）固态发酵使用的设备较为简单，投资相对较少，能耗比较低且操作简便。

（4）固态发酵后的处理比较简单，且对周围环境的污染也相对较少，废水的排量相对较低。

二、固态发酵白酒生产工艺的现状及问题

当前固态发酵所生产的废水中有机物的含量较高，对周围的环境产生了一定的影响；在生产过后，一些产生的废水，例如黄水等未经过正规的处理，也没有进行再度的回收利用，与可持续发展的原则相背离；一些中、小规模的厂家虽然投入的资金较多，但是产量少，使得生产效率不高，给白酒厂家的经济效益带来很大的影响。

三、固态发酵白酒的生产工艺流程

一般情况下，白酒的酿造用粮分单粮和多粮，单粮是以高粱为主要原料，多粮有高粱、大米、玉米、糯米、小麦。固态发酵白酒生产工艺过程大致分为制曲、制酒 2 个步骤。

1. 制曲

固态发酵工艺大多采用的是小麦制曲，主要经过如下几个步骤：

（1）将原材料进行润料，加水进行搅拌，然后再进行踩曲、晾曲等工艺。

（2）将曲块放入到房间内进行安曲。

（3）通过增湿降温等工作，将处理好的曲块进行晒霉。

（4）经过这几道工序之后，再进行第一次翻曲直至四次翻曲，然后将其晾干，同时进行理化检测，质量合格后放入仓库中进行储存。

2. 制酒

（1）原料处理：对于原料的处理，不同的原材料处理的方式是不同的。以高粱为例，在处理原材料的时候需要把每一粒高粱都磨成四、六、八瓣。

（2）出窖：在生产的过程中，酒窖中有几种不同的糟。在起糟出窖的时候，要按照一定的程序来进行，先起面糟，再起粮糟。

（3）拌糟：在这个过程中，大多采用的是一种混蒸续糟法工艺，其配料中的母糟既可以调节酸度也可以调节淀粉含量，能够保证白酒具有独特的风味。

（4）蒸粮蒸酒：在通常情况下，先将蒸馏设备清理干净之后再进行蒸馏面糟的工作，将蒸过后的面糟进行稀释，然后再重新返回到酒窖内进行发酵，废弃的糟处理成为饲料。然后进行蒸馏粮糟，用慢火进行蒸馏，并且低温流酒，在流酒开始时单独接取酒头，以利用其中所含的低沸点物质来调制酒头调味酒。

（5）打量水：在粮糟出窖后，要进行打量水，以增加其中的水分，便于后续发酵的进行。

（6）摊凉：在不同的季节里，摊凉的时间是不同的，一般情况下，时间越短越好。

（7）撒曲：撒曲对于泥窖和撒曲量都有一定的要求，也可以根据季节的不同进行一定的调整和变化。

（8）入窖发酵：入窖发酵是固态发酵中的重要环节，对该环节要进行严格的控制。在入窖之前，首先要在窖底撒入一定数量的曲粉，对入窖后的粮糟进行扒平、踩窖的工作。入窑后要用黄泥进行密封，制造完全与空气隔绝的空间，并每日对其密封度进行检查，确保密封的严密性。

（9）储存：白酒越藏越醇，因此在酿造之后要进行一定时间的储存，原浆酒经过一系列的物理、化学变化使酒变得更绵甜、更柔和。

（10）勾调：原浆酒经过储存后，不管是在味道上还是在醇度上和成品都有一定的差距，勾兑似画龙，调味似点睛，通过勾调来保证产品质量的一致性。

总之固态发酵白酒生产工艺是我国独有的，是华夏文明的宝贵财富，我们要在继承传统工艺的基础上，利用现代微生物技术，进一步发扬光大。

第四节　伏特加酒生产工艺及质量

历史上俄罗斯及一些欧洲国家素有用马铃薯生产伏特加酒的成熟技术，因此我国马铃薯白酒的酿造应参考并结合伏特加酒的生产技术及工艺。

伏特加酒又名俄得克，起源于苏联，后来发展到波兰、爱沙尼亚、拉脱维亚、美国、加拿大等国家。从产销量上看，以俄罗斯为最多。我国已于20世纪50年代开始生产伏特加酒，目前已遍布山东、北京、上海、安徽、江苏等省市，近20个生产企业。由于该产品是以食用优级酒精为酒基，用软化水调配，经活性炭或专用净化介质处理精制加工而成的蒸馏酒，因此含极少或基本不含对人体健康有害的杂质，被认为是目前国际流行的最纯净的酒种之一。

伏特加酒生产的主要原料是食用酒精，没有高纯度的酒精就生产不出高档次的伏特加。我国食用酒精标准GB 10343—2002在产品等级中增加了“特级”食用酒精，把“感官要求”一项单独列出并增加了对“口味”的要求及评价方法，对“普通级”“优级”的质量要求比过去的标准有很大提高。我国的“特级”食用酒精已达到国际先进水平，这充分说明我国的酒精正向着纯净、卫生、安全、健康的方向发展。

伏特加酒的种类大致分为两种，一种是纯正伏特加，不加任何添加物；另一种是加香伏特加，是在生产过程中加入芳香物质而生产的具有特殊香味的伏特加。以上两种产品可以直接饮用，也可加冰、加水、加果汁、加碳酸饮料饮用，并能改善果汁饮料的风味，特别是纯正伏特加更是调制鸡尾酒的最佳基酒。目前，国内生产的伏特加大多是纯正伏特加，与俄罗斯生产的“红牌”“绿牌”伏特加属同一类型。

一、伏特加酒的生产工艺

1. 伏特加酒的生产工艺流程

伏特加酒的生产工艺流程如下：

高纯度酒精+软化水→调配→净化处理→一级过滤→二级过滤→伏特加精调→检验合格→终端过滤→灌浆→检验→伏特加成品酒

其中，净化处理是伏特加生产工艺的操作重点。

2. 主要原料的质量要求

（1）高纯度酒精。

目前国内生产伏特加酒所需的高纯度酒精大多以玉米普通级食用酒精为原料，采用先进的多塔重复萃取差压精馏工艺和自动化控制技术精馏而成，其感官质量主要体现为：外观无色透明；具有乙醇固有的香气、无异臭；口味纯净、微甜。其理化指标主要体现为：色度 10；乙醇（%）≥10；氧化时间（min）≥42；醛（以乙醛计，mg/L）≤1；甲醇（mg/L）≤2；正丙醇（mg/L）≤2；酸（以乙酸计，mg/L）≤7；酯（以乙酸乙酯计，mg/L）≤10；不挥发物（mg/L）≤10；重金属（以 pb 计，mg/L）≤1。

（2）软化水。

软化水是以符合《生活饮用水卫生标准》（GB 5749—2006）的水为原料，通过反渗透法或电渗析法制得的高纯净度的水，其质量要求为：外观：无色、清亮透明、无悬浮物、无沉淀；气味：无异臭；PH：6.5 ~ 8.0；电导率（μs/cm）≤10。

3. 伏特加酒的调配

（1）调配前的清洗。产品调配前必须用自来水和相应的洗刷液对所需的容器、设备、管道、用具等进行彻底清理、冲洗，直至无异香、异味，然后用软化水冲洗干净后方可使用。

（2）调配。根据伏特加酒体设计方案，计算出所需高纯度酒精和软化水的用量，然后计量泵入洁净的调配罐中，待混合均匀后，测量其酒度（要求该酒度稍高于成品酒度，以 40.5%左右为宜），做好记录。

4. 伏特加酒的净化处理

（1）净化设备的要求。

净化设备选用板框过滤机，材质为不锈钢，便于操作。

（2）净化介质的要求。

净化介质是以优级专用活性炭、吸附剂和特制的木质纤维为原料，经特殊工艺精制加工而成，其规格尺寸与净化设备相配套。净化介质的特点：具有无臭、无味、厚薄均匀一致，边角整齐，不溶于酒精和水，对影响风味质量的成分具有较强的选择吸附性能，使刺激的乙醇气味变得优雅宜人，使辛辣、粗糙的酒体变得柔和、滑润、甘爽、纯净，从而形成具有独特风格的伏特加酒。

（3）净化设备的安装。

首先安装好板框滤机上的动力电，注意电机的正反方向。然后将净化介质按顺序装配在不锈钢板框内，待最后一片介质装好后，放上终端盲板，然后让旋柄顶部顶住盲板中心位置，按顺时针方向缓缓旋转螺旋旋柄，推紧板框，卡紧固定，即装配完毕。

（4）净化介质的冲洗。

净化介质的冲洗分两步，水洗和酒洗。水洗的目的是将净化介质上的水溶性物质和杂质，通过水洗而拖带出来，从而去除杂质和不良气味。具体步骤为首先打开软化水水罐出口阀门，接通净化设备动力电源，缓缓打开净化设备进料口和出口以及通往下水道的开关阀门，关闭通往次品罐和暂存罐的阀门，准备水洗。水洗时，首先调节净化设备的进料阀门，控制液体的流量，控制压力在 0 ~ 0.5 MPa。在 0.5 MPa 压力下，冲洗 1 min 后，从净化处理后的取样口取样，测定其电导率并进行品尝，直至冲洗后水的电导率值接近软化水电导率的指 10 μs/cm 左右，品尝无明显异杂味时，关闭进水阀门，停止水洗。

酒洗的目的是将介质中的酒溶性物质和不良气味冲洗掉，在收集合格品之前做好预处理工作。具体步骤为停止水洗的同时，打开调配酒酒罐的阀门，继续运行，并及时从净化设备的取样口取样，待有一定的酒味，立即打开次品罐阀门，关闭通往下水道的阀门，转换酒洗。酒洗时，首先调节净化设备的进料口阀门，压力为 0.5 ~ 1.0 MPa，在 1.0 MPa 压力下运行约半分钟，应随时取样，边取样，边品评，当品评符合伏特加酒的感官质量要求时，及时打开通往硅藻土过滤机和暂存罐的阀门，关闭次品罐阀门，运行硅藻土过滤机（一级过滤）将酒滤入暂存罐中。

（5）伏特加酒基的收集。

在酒体净化过程中，酒的流速压力应控制在 1.0 MPa 为宜，但仍要定时定量进行取样，并对其进行感官品评和电导率测定，同时做好记录。此时风味质量把关是该工风味质量的酒基全部收集到暂存罐中。若发现不符合酒基要求时，应立即转入储备罐中，同时关闭通往暂存罐的阀门。

5. 清场

净化工序完毕后，关闭电源，打开三通中通往次品罐的阀门，将净化设备中的残留酒液流入次品罐，然后打开净化设备并将失效的介质取出，放入指定位置，用软化水清洗现场，将净化设备回归原位，罩上防尘设备，清场完毕。

6. 精调

精调后的伏特加酒度应控制在 40%±0.2%。经净化后流入暂存罐中的伏特加酒基，需通过孔径为 0.45 μm 的微滤膜进行二级过滤，然后转入精调罐中，并测量其酒度。若酒度 > 40.2%，计算加入软水量，泵入精调罐中，混匀后测量，直至符合规定酒度。若酒度 < 39.8%，应计算加入高纯度酒精的用量，泵入精调罐中，混匀后测量，直至符合规定酒度。

7. 过滤

过滤即是通过截留介质（硅藻土滤机、聚枫微孔膜过滤机），在一定的压力下将酒中的炭微粒和其他杂质截留，从而确保伏特加的质量。一般情况下，在罐装之前必须采取三级过滤。一级过滤：将净化后的伏特加酒基通过硅藻土滤机初滤后，转入暂存罐中。二级过滤：暂存罐中的伏特加酒基在转入精调罐之前须通过孔径为 0.45 μm 的微滤膜过滤。三级过滤（终端过滤）：伏特加酒在灌装前须经 0.25 μm 的微孔滤膜精滤，确保待灌装的酒质无色，清亮透明，无悬浮物，无沉淀，符合伏特加酒的外观质量标准要求。

8. 检验

精调后的伏特加，由质检部门抽取具代表性的样品，依据伏特加标准中规定的检验项目和检验方法进行感官品评和理化指标分析。若检验合格，质检部门开具“伏特加酒合格通知单”，及时送达生产车间及相关部门。

9. 成品罐装

生产部门接到质检部下达的“伏特加酒合格通知单”后组织灌装，包装生产过程严格按《成品酒包装工艺操作规程》操作，待质检部门对灌装的产品抽检合格后方为伏特加合格品。

二、伏特加酒生产过程中的质量保证措施

1. 清洗

在伏特加生产过程中，凡涉及的容器、设备、管道、用具等都必须进行

彻底清洗，直至无异香、无异味方可使用。所有生产人员不得将有异香异味的物品带入生产现场。

2. 原料的选用

伏特加生产的主要原料是食用酒精和软化水，其质量优劣直接影响酒的风味。因此在生产过程中，建议中档伏特加选用优级食用酒精，高档伏特加应首选特级食用酒精。调配使用的软化水其质量指标应符合规定要求，以现净化现使用为好。因为刚净化的软化水符合无色清亮透明、无悬浮物和沉淀物、气味清新等标准，能确保伏特加的风味质量和感官质量。而软化水经长期存放会产生一定的透明状胶体物质，水的气味、口味将有所变化，会影响酒质。

3. 净化介质的选用

用适宜的净化介质处理后的伏特加，能净化酒体，改善酒的风味质量。相反，不适宜的净化介质不仅使酒体得不到改善，反而增加异杂味。通过多次试验确认，适宜生产伏特加酒的净化介质是桦木炭和专用净化介质；而不适宜的净化介质如：软木质活性炭以及处理白酒的粉末活性炭。

4. 电导率值作为伏特加质量的内控指标

通过对市场上纯正伏特加酒的品评及试验得知，电导率值越低，纯净度越高，口感相应越好。为此，特增设电导率项目作为伏特加质量的内控指标。为确保伏特加内控指标电导率值符合规定要求，除了注重工作环境，还必须控制好调配用软化水的质量，要求电导率值符合标准规定要求。

5. 净化工序操作人员应具备的素质

熟练掌握“伏特加酒生产工艺操作规程”，同时具有一定的伏特加酒的品评技能和工作经验，并在工序操作期间保持感觉器官的灵敏度。

6. 净化设备压力的大小与风味质量的关系

在净化工序操作过程中，压力的大小决定酒体与净化介质亲和时间的长短，同时也是直接影响伏特加酒风味质量之所在。经多次试验发现，压力控制在 1 MPa 左右，净化后的酒质柔和、滑润、净爽；压力过小，净化后的酒体欠柔顺并有粗糙感；压力过大，净化后的酒体仍欠柔顺并有介质短路现象。

7. 净化的次数并非越多越好

在伏特加生产过程中，用活性炭净化是必不可少的工艺，其净化时间的长短要以符合感官质量要求为依据，净化的时间及次数要恰到好处，因为每一次的净化处理都会给酒体带来微妙的变化，所以感官品评至关重要。实践证明，经过多次净化处理的酒体其口感反而粗糙，失去了滑润细腻的感觉。

8. 酒度降至 35%～43%时，净化后的酒质风味质量最佳

在伏特加生产试验过程中，选用高纯度酒精、软化水，酒度配制从高到低依次梯度为 5%的样品，应用生产该伏特加的净化介质进行无数次试验。结论是，高度酒精经净化后在风味质量上无明显改善，低于 35%的酒精净化后口感淡薄并出现水味，若将酒度降至 35%～43%时，净化后的酒质风味质量效果最佳。

第五节　马铃薯白酒产品研发及推广的意义

马铃薯白酒是指完全采用马铃薯为原料，利用固体发酵的原理酿造的白酒。欧美国家在很早以前就部分采用马铃薯为原料酿造白兰地、威士忌、伏特加等烈性酒，但是在中国历史上，酿造白酒的原料素来只考虑传统粮食诸如玉米、小麦、高粱等。随着我国马铃薯主粮化战略的不断深入，国内很多研究机构开始着眼于马铃薯白酒酿造的可行性及相关工艺研究，取得了丰硕成果。

我国许多地区独特的自然条件适合马铃薯种植，产量高，品质好，有实施“马铃薯主粮化战略”的优势。然而其储存局限制约了马铃薯产业的发展。马铃薯深加工是解决该问题的有效途径。中国白酒消耗量巨大，用马铃薯替代传统粮食，通过固态或液态发酵生产白酒，就地对马铃薯进行深加工，能有效减轻储存压力，提高经济效益，同时为贫困山区节约出传统“口粮”，解决温饱。

四川马铃薯工程技术中心（西昌学院）在充分研究马铃薯成分及固态发酵酿造工艺的基础上，论证了以 100%马铃薯为原料生产马铃薯白酒的可行性，并通过“马铃薯白酒固态发酵工艺研究”项目完成了马铃薯白酒生产工艺的制定及优化，生产出的白酒经权威部门检测，完全符合白酒产品质量要求，并且多项指标诸如甲醇含量、固形物含量等指标均优于国家标准，健康

易吸收，是典型的小分子酒。该中心申请的凉山州科学技术和知识产权局项目“马铃薯白酒固态发酵应用技术研究与推广”（18YYJS0070）研究过程中，已经在合作企业“凉山全薯粮食品有限公司”实现了马铃薯白酒的批量生产及产品推广（见图5-3）。

图5-3　马铃薯白酒

结合国家马铃薯主粮化战略及地方经济发展需要，在马铃薯白酒制造工艺取得突破性进展的前提下，实现马铃薯白酒加工产业化的综合社会经济效益体现在：

（1）马铃薯白酒生产一旦实现产业化，鲜马铃薯能真正替代传统粮食酿造白酒，从而减少传统主粮的消耗，切实实现马铃薯主粮化。

（2）马铃薯白酒生产的产业化打开了鲜马铃薯的销路，消除了农户不能及时销售鲜马铃薯产品的后顾之忧。这样不仅能刺激种植区农户种植马铃薯的积极性，促进马铃薯种植业的加速发展。

（3）马铃薯白酒生产的产业化能有效促进马铃薯产地的经济发展。在产地建马铃薯白酒厂，不仅可以减轻鲜马铃薯的储存及运输压力，实现马铃薯产值的最大化，还能有效地拉动地方实体经济，解决就业。

（4）对处于贫困状态的马铃薯种植区，特别是贫困山区，马铃薯白酒产业化是因地制宜的脱贫攻坚项目。

第六章　马铃薯皮渣的资源化利用

马铃薯深加工产业不可避免地产生废水、废气、废渣，如果不经处理进行排放，必然对环境造成破坏。在大力提倡经济高质量发展的今天，马铃薯深加工产业要想取得长足的、可持续的发展，必须有效地解决废水、废气的排放问题，同时对加工过程中产生的固态废物及马铃薯皮渣进行资源化利用，以保持该产业持续、良性的发展。

第一节　现代加工企业必须认识生态环境保护的重要性

进入新时代，我国社会主要矛盾已经转化为人民日益增长的美好生活需要和不平衡不充分的发展之间的矛盾。从注重温饱逐渐转变为更注重环保，从求生存到求生态，提高环境质量成为广大人民群众的热切期盼。生态环境质量直接决定着民生质量，改善生态环境就是改善民生。

深刻认识生态环境保护，要具备战略思维。生态环境没有替代品，用之不觉，失之难存。我们要以“前人栽树、后人乘凉”的远见，以“一代接着一代干”的定力，久久为功地推进生态文明建设。深刻认识生态环境保护，要强化绿色发展理念。没有良好的生态环境，发展就是“无本之木”，经济转型也就成了“纸上谈兵”。不能因为图一时发展之快，而上马一些高污染、高能耗、低附加值的项目，更不能因为担心影响经济发展，而在污染防治攻坚战中缩手缩脚。

保护生态环境，提升经济发展质量将是我国的一项长期国策。对此，我国政府显示了必胜的信心并已经取得了显著的成效。生态环境部、国家统计局陆续公布的 2018 年 1—9 月数据分析表明，从空气质量看，环境空气质量继续改善，全国 338 个地级及以上城市优良天数比例为 81.0%，同比上升 1.3 个百分点；重度及以上污染天数同比下降 0.6 个百分点；细颗粒物（$PM_{2.5}$）浓度同比下降 9.8%；可吸入颗粒物（PM_{10}）浓度同比下降 5.6%。从水环境质量看，全国水环境质量明显向好，Ⅰ类～Ⅲ类水质断面比例为 72.4%，同比上升 4.7 个百分点；劣Ⅴ类水质断面比例为 5.3%，同比下降 3.2 个百分点。主要污染指标化学需氧量、氨氮、总磷浓度继续下降。

2018 年以来全国经济运行总体平稳，经济结构不断优化，质量效益稳步提升，高质量发展扎实推进，发展的协调性、包容性、可持续性进一步增强，为打好污染防治攻坚战提供了坚实基础。生态环境保护在持续改善生态环境质量、解决老百姓身边突出环境问题的同时，推进供给侧结构性改革向纵深发展，维护企业公平竞争的市场环境，加大生态环境治理投入，对经济发展的正效应逐步显现。

一、环境质量持续改善仍面临挑战

1. 推进供给侧结构性改革向纵深发展压力增大

我国粗放型增长方式和应对金融危机刺激性政策叠加，给行业带来严重产能过剩问题。中央提出供给侧结构性改革后，生态环境领域依法依规加大督察执法力度，推动淘汰一批污染重、能耗高、技术水平低的企业，促进合规企业生产负荷不断提升。2018 年 1—9 月，全国工业企业产能利用率为 76.6%，16 个主要行业全部脱离产能利用率小于 70%的严重过剩区间，其中 6 个行业恢复到产能利用率大于 79%的正常状态，供需错配的结构性矛盾得到缓解。随着中美经贸摩擦不断升级、国内消费投资下行，需求侧存在进一步收缩风险，供需错配的结构性矛盾有可能再一次凸显，需持续发挥环境督察执法推动供给侧结构性改革作用。

2. 亟须优化公平竞争的市场环境

长期以来，一大批企业环境治理不到位，靠污染环境换取企业利润，扭曲了市场环境，造成了不公平竞争，“劣币驱除良币”现象比较普遍。环境督察执法按照差别化管理要求，对违法排污严重的企业依法关停，对治污设施不规范的企业整治提升，对具有成长潜力的企业进区入园，既清除行业发展的搅局者，又推动企业深度治理实现转型升级，市场秩序进一步规范，工业企业利润明显增加。

3. 推动节能环保产业发展投入增大

2018 年 1—9 月，全国一般公共预算支出中，污染防治、自然生态保护支出同比分别增长 20.1%、35.6%，均高于一般公共预算增速，带动地方和社会资本进入生态环境领域。全国生态保护和环境治理投资同比增长 33.7%，比固定资产投资增速高 28.3 个百分点，其中生态保护业投资增长 52.8%。由此可见，生态环境保护需要真金白银的投入，这一点是对决策者战略眼光的严峻考验。

4. 我国经济发展的外部环境压力

我国发展的外部环境发生了明显变化，经济运行稳中有缓、稳中存忧，下行压力加大，一些结构性、瓶颈性、体制性等深层次问题尚未得到根本解决，支撑生态环境质量持续改善的基础还不稳固。一是治污动力存在减弱风险。一些地方对生态环境重要性的认识有所弱化，将经济下行压力简单归结于环境监管的模糊观点有所抬头，放松监管的风险有所增加。同时，受债务清理、银行“借贷”、规范 PPP 发展等举措影响，社会资本参与环境治理的热情有所减退。二是结构调整进展偏慢。2018 年 1 ~ 9 月，经济结构优化趋缓，装备制造业、战略性新兴产业、高技术制造业增加值增速同比分别回落 3.0、2.5 和 1.6 个百分点。能源总量控制偏弱，全国能源消费总量同比增长 3.4%，原煤产量同比增长 5.1%，煤炭进口量同比增长 11.8%，原油加工量同比增长 8.1%。运输结构调整空间较大，全国铁路货运市场份额为 8.1%，同比上升 0.1 个百分点，亟须加快“公转铁”步伐。三是区域发展不平衡凸显。中西部和北方的部分地区是我国环境治理的重点区域，正处于工业化发展阶段，传统产业比重大，具有较强的路径依赖，面临经济发展和生态环境质量改善的双重压力。

二、推进经济高质量发展，确保污染防治攻坚战扎实推进的措施

经多年努力，生态环境保护工作打开了新局面、形成了新格局，我国发展方式、经济结构、增长动力也都在朝着有利于推动经济高质量发展和生态环境高水平保护方向转变，长期向好的基本面在延续。当前中美经贸摩擦不断升级，经济发展面临复杂局面，更需保持战略定力，理性应对分析，以生态环境高水平保护，促进经济平稳运行和高质量发展。

1. 着力建设现代化经济体系

加快推动经济发展的质量变革、效率变革、动力变革，建立健全高质量发展的指标体系、政策体系、标准体系、统计体系、绩效评价和政绩考核。以竞争中性原则，进一步增强要素市场开放、流动和优化配置，促进民营经济和国有企业共同发展。强化科技创新，推进关键核心技术研发，在高端装备、信息技术等领域做大做强，降低土地、融资、能源等基础性成本，保护

知识产权，激发企业家、科技工作者等创新精神。

2. 深入推进供给侧结构性改革

建立健全“三线一单”硬约束，促进提高新增产能质量，优化新增产能布局和结构。充分发挥环境监管对“散乱污”企业、落后产能的甄别和治理，继续对违法排污严重企业、治污设施不规范企业、具有成长潜力企业实施分类管理、分步实施。按照达标排放要求，对产能利用水平较高的行业侧重治理提升，对产能利用水平较低的行业侧重关停并转，维护公平竞争市场环境，推动行业提质增效。

3. 出台实施一批环境经济政策

创新绿色金融政策，加快设立国家绿色发展基金，完善绿色债券标准管理体系。分类实施出口退税政策，优先提高绿色产品、高新技术产品等退税比例。研究制定“散乱污”企业综合整治激励政策，引导企业自觉关停并转。落实促进绿色发展的价格机制，加大“煤改电”“煤改气”支持政策。实施绿色运输价格政策，推动铁路货运价格优化调。

4. 把握好工作重点、节奏和力度

既要按照污染防治攻坚战既定部署和安排，扎实有序打好七大标志性战役，巩固提升污染防治攻坚战成果，又要注重统筹兼顾、分类施策，进一步增强政策措施的科学性、系统性和针对性，夯实生态环境工作基础，还要加强环境经济形势等跟踪分析，及时改进优化，确保污染防治攻坚战扎实推进。

第二节　马铃薯皮渣的资源化利用

马铃薯产业的发展中存在严峻的环境保护问题，例如马铃薯淀粉加工过程中就会产生废水、废气、废渣，其中废水对环境产生较大影响。因此为保证未来我国马铃薯产业健康、持续发展，我们必须对马铃薯深加工所产生的废水、废气、废渣进行严格处理，以免对环境造成破坏，从而影响其可持续发展。其中较为有效的就是采用全粉加工逐渐代替传统的马铃薯淀粉提取，尽量减少马铃薯深加工所产生废渣，同时对马铃薯皮渣的资源化利用进行深入研究，变废为宝。

马铃薯皮渣是马铃薯淀粉及全粉生产加工的副产物，平均每生产 1 t 马铃薯淀粉会产生约 6.5 ~ 7.5 t 湿薯渣，主要包括水、残余淀粉颗粒和粗纤维等，而马铃薯全粉生产所产生的副产物数量相对较少，主要是马铃薯皮。因其含大量水分和多种微生物，水分活度大，储运困难，易于腐败变质。故将其进行资源化开发利用，既节约资源，又减少污染，保护生态环境，能大大增加马铃薯产业的经济附加值，保证其可持续发展。

一、马铃薯渣的主要营养成分、特点及性质

1. 马铃薯渣营养成分和特点

马铃薯渣含有大量的淀粉、纤维素、半纤维素、果胶及蛋白质等可利用成分，其主要成分（以干基计算）包括淀粉 37%、纤维素和半纤维素 31%、果胶 17%，蛋白质 4%等。马铃薯皮渣量大，若不加以资源化利用，既浪费资源又污染环境。若直接作为饲料，因其粗纤维含量高而蛋白质含量低，适口性差，影响禽畜的生长性能；直接废弃或掩埋，其所含大量无机盐等会造成土壤和地下水污染；烘干成本又太高。

2. 马铃薯皮渣的性质

马铃薯皮渣水分高达约 90%，虽无液态流体性质，却具备典型胶体的物化特性。水分虽未与细胞壁碎片中的纤维及果胶牢固结合，却直接嵌入残存完整细胞中，极难在常温常压下去除，需借细胞膜交换到外界，加压也仅可去除约 10%。马铃薯皮渣黏性高，性质类似蛋白软糖，此特点是马铃薯渣处理和资源化利用之瓶颈问题。据 Mayer 等报道，马铃薯皮渣自带微生物 15 类共 33 种，细菌 28 种、霉菌 4 种和酵母菌 1 种。故极有必要去除水分，提高其抵抗微生物污染性能和储存稳定性。

二、马铃薯渣资源化开发利用研究现状

1. 制备高蛋白、高能量饲料

随着经济的腾飞，人们生活水平提高，动物性食品需求量增大，带动养殖业极速发展。高蛋白饲料的需求与日俱增，蛋白质不足已成为世界问题。我国蛋白质饲料更是供不应求，马铃薯皮渣原料来源广，以其生产高蛋白饲料，耗资少，工艺简单，底物和发酵物利用完全，无二次污染，是马铃薯皮渣资源化利用的重要途径。

用马铃薯皮渣制备高蛋白饲料，通常采用固态或半固态发酵方式。以马铃薯皮渣为底物，利用微生物发酵降解马铃薯皮渣中淀粉和粗纤维，产生大

量微生物蛋白质，提高蛋白质含量及营养价值，改善粗纤维结构，增加清香味，提高适口性。

2. 制备膳食纤维

膳食纤维是指不能被人体小肠吸收但具有健康意义的、植物中天然存在或通过提取/合成的、聚合度 DP≥3 的碳水化合物聚合体，包括纤维、半纤维素、果胶及其他单体成分等。膳食纤维是健康饮食不可缺少的，在保持消化系统健康上扮演着重要的角色，同时摄取足够的膳食纤维也可预防心血管疾病、癌症、糖尿病以及其他疾病。但仅凭吃蔬菜、水果难以满足人体膳食纤维需要。马铃薯皮渣含有高达约干基的 50%的纤维，是廉价而安全的膳食纤维资源。研究者所得马铃薯皮渣膳食纤维色白，膨胀力、持水力高，生理活性良好。故马铃薯皮渣膳食纤维的加工制备具有广阔的开发前景。

制备马铃薯膳食纤维的方法主要有化学法、物理法、生物法及三者相结合等。采用纤维素酶处理湿马铃薯皮渣制备可溶性膳食纤维，并研究其理化、功能性质。结果表明：该可溶性膳食纤维具有相对较高的分子质量和黏度，其葡萄糖延迟扩散能力、α-淀粉酶活力抑制力、胆酸钠的吸附能力和胰脂肪酶活力抑制力均高于马铃薯皮渣膳食纤维和市售可溶性膳食纤维。

3. 提取果胶

果胶是羟基被不同程度甲酯化的线性聚半乳糖醛酸和聚 L-鼠李糖半乳醛酸。果胶分子量约为 5 万～30 万 u，主要存在于植物细胞壁和内层，为细胞壁主要成分，有良好增稠、乳化、稳定和凝胶作用，广泛应用于食品工业，可作为包装膜、增稠剂、胶凝剂、乳化剂、稳定剂、悬浮剂等。也用于化妆品，有护肤、美容养颜、防紫外线、治疗创口的功效。马铃薯皮渣含近干基 17%的果胶，是量大而实用的良好果胶提取原料。

工业化提取马铃薯渣果胶的生产法主要有：沸水抽提法、萃取法、酸法、酸法+微波等。研究多集中于提取方法的结合和工艺的优化。目前已经有了关于酶法提取马铃薯渣果胶的专利技术。采用酶法去除蛋白质和淀粉，进行酸提，经乙醇沉淀和洗涤后干燥粉碎得到果胶。产品果胶纯度高、得率高、无铝残，大分子碳水化合物含量也低。

4. 制备马铃薯皮渣青贮饲料

将马铃薯皮渣与玉米秸秆按一定比例混合并打包可制成马铃薯皮渣裹包青贮饲料。研究发现，经过青贮后的马铃薯皮渣是优良的肉羊饲料，其干物质、粗蛋白质和中性洗涤纤维的瘤胃降解率较高。同时用马铃薯皮渣和玉米秸秆混合青贮饲料可以替代全株青贮玉米喂奶牛，使奶牛的饲养成本降低，经济效益提高。

5. 制备燃料酒精和生物质混合燃料及能源气体

燃料酒精为新型可再生能源，其推广应用可望有效缓解温室效应及化石能源枯竭等问题，故其发展已成必然。燃料酒精的应用对经济、社会和环境产生巨大的影响。利用高科技降低成本、减少生产过程中对环境的负面影响，是未来燃料酒精的研究方向。我国制备燃料酒精的起步较晚，起先以消化陈化粮为主，故该产业的发展直接影响国家粮食安全。以马铃薯皮渣生产燃料酒精，可大量有效地转化利用马铃薯皮渣，避免资源浪费和环境污染。同时正符合国家非粮化、多元化生产之要求。

目前性价比较高的发展方向为低成本生物质燃料的冷压成型工艺。马铃薯皮渣中所含淀粉、纤维、固形物以及粗蛋白质等均为较高燃烧值的可燃物质，马铃薯皮渣具有胶粘性质，将其与可燃物（如煤粉等）按一定比例混合，冷压成型，即为生物质混合燃料，实现马铃薯皮渣的低成本高效利用。

在能源气体生产方面，四川马铃薯工程技术中心通过使用外来入侵植物——紫茎泽兰的茎秆和马铃薯废渣为原料，探究厌氧发酵沼气产气量与两种原料比例、沼气底液和温度的关系，得出在马铃薯皮渣与紫茎泽兰茎秆比例为 2 ∶ 1，沼气底液 100 mL 和 30 °C 的厌氧发酵条件，产气速率和累积产气量出现最高峰。又以小白鼠为试验对象，利用产气后的沼渣做饲料进行毒性研究，观察 65 天后，发现沼渣比例在 10%内时，试验组小白鼠生长发育情况与对照组相近。为紫茎泽兰和马铃薯废渣的资源化利用提供了新的方法。为采用马铃薯渣厌氧发酵产生沼气提供了技术支持。

6. 制备方便面料包可食性膜和饲料种曲

利用马铃薯皮渣制备方便面料包可食性膜和饲料种曲，实用且经济，以马铃薯皮渣代替部分粮食，原料来源广泛、成本低、效益高。研究表明：制备马铃薯皮渣方便面油料包可食性膜的最佳工艺条件为：鲜马铃薯皮渣 20 g，琼脂与海藻酸钠的复配比例 0.5∶0.5，甘油 1.5 mL，硬脂酸的添加量 0.3 g，水浴温度 80 °C。产品膜抗拉强度 11.882 MPa，以其包装方便面油料放置于相对湿度 60%，45 °C 下，3 天无渗油，沸水煮 3 ~ 4 min 可全溶。

在饲料种曲制备方面，采用啤酒酵母、白地霉和热带假丝酵母的固态多菌株协同培养，制备饲料种曲。种曲制备的最佳工艺条件为：培养基组成为麸皮与马铃薯皮渣比例为 4∶6，在水分含量 50%、28 °C 条件下培养 60 h，并将啤酒酵母、白地霉和热带假丝酵母以 1∶3∶2 的比例混合接种，得到的种曲中各种酶的活力达到较高水平。

7. 制备新型粘结剂、黏粘剂以及吸附材料

以改性马铃薯皮渣为基料，以改性植物胶（GZJ）为增黏剂制备了竹签香用胶黏剂。结果表明，研制的胶黏剂在性能、外观及成本等方面均优于商品胶黏剂。

三、马铃薯渣的开发应用前景展望

（1）制备膳食纤维和提取果胶，提高马铃薯加工附加值，经济效益较高。

较高的膳食纤维及果胶的含量使得马铃薯皮渣成为良好的提取原料，开发利用的经济效益较高。随着生活水平的提高，人们对纤维食品需求量增大，膳食纤维具有广阔的消费市场前景，马铃薯皮渣膳食纤维生理活性高，产品外观良好，价廉物美。果胶是优良的药物制剂基质，乳化、增稠、稳定和凝胶作用良好，需求量逐年递增。国内果胶消耗量巨大，需求量呈高速增长趋势，且多依靠进口。国产果胶质优价廉市场份额较大。

（2）固态发酵马铃薯皮渣生产蛋白饲料或青贮饲料是马铃薯皮渣处理最具发展潜力的方向。

随着动物性食品需求量与日俱增，蛋白饲料日益稀缺。人们对微生物发酵生产蛋白饲料的研究不断扩大和深入。利用微生物发酵马铃薯皮渣生产蛋白饲料具有良好的发展潜力。但液态发酵马铃薯皮渣生产蛋白饲料能耗大、投资成本高，不宜推广；而固态发酵投资低、能耗小，原料利用彻底，无废液污染且活性成分保留率高，故固态发酵马铃薯皮渣是最具发展潜力的开发利用方向。生产马铃薯皮渣青贮饲料，能有效降低饲料成本，促进相关系列饲料产品开发，可持续促进畜牧业和养殖业健康发展。

（3）利用马铃薯皮渣制作发酵培养基是进行薯皮渣增值的重要研究方向。

产出量大、营养丰富的马铃薯皮渣，可作为良好的发酵培养基质。易于相对廉价地引入菌种生产发酵微生物蛋白质等。研究表明，使用马铃薯渣作为培养基代料，培育凤尾菇，在 温度 20 °C、pH7.0、培养基含马铃薯皮渣 9%的条件下，实际收获凤尾菇 171 g，与理论值 174.555 g 接近，既提高了凤尾菇产量，又合理地利用了马铃薯皮渣。

（4）利用马铃薯皮渣制备燃料酒精及生物质混合燃料是最理想的马铃薯皮渣利用途径。

以马铃薯皮渣为原料生产燃料酒精，既能有效且大量地转化利用薯渣，又节约资源、清洁环保，是理想的马铃薯渣利用途径。目前成本低廉的主要发展方向是冷压成型工艺生成生物质燃料。马铃薯皮渣主要有机成分纤维素、淀粉及粗蛋白质等均可燃且燃烧值较高，故可将煤粉等可燃物利用马铃薯皮渣的胶黏性与之按比例混合冷压成型，制成生物质混合燃料，从而实现马铃薯皮渣的高效低成本利用，是马铃薯皮渣最理想的、更加直接而经济的利用途径。

（5）利用马铃薯皮渣联合生产膳食纤维和燃料酒精是马铃薯皮渣综合开发利用的新思路。

酶法提取马铃薯渣膳食纤维与马铃薯渣生产燃料酒精的前处理工艺很接近。故可将两者工艺整合，联合生产膳食纤维和燃料酒精。先以蛋白酶和淀粉酶将蛋白质和淀粉水解后过滤，将滤渣精制后提取膳食纤维，滤液再通过糖化、发酵等步骤制成酒精。联合生产薯渣膳食纤维与燃料酒精，对薯渣的利用彻底完全，经济又环保，同时使马铃薯淀粉企业明显增效。

总之，马铃薯皮渣来源广泛，价格低廉，有用成分种类多，含量大，研发潜力大，产品市场前景光明。利用马铃薯皮渣生产高蛋白饲料、制备膳食维、提取果胶、制备青贮饲料、制备燃料酒精和生物质混合燃料及能源气体，制备方便面料包可食性膜和饲料种曲，制备新型吸附剂、黏结剂等，都是对马铃薯渣的绿色经济的高效利用。同时有利于实现禽畜的低成本饲养，促进畜牧业、养殖业更快更好发展，有效保护生态环境，做到人类和自然和谐永续发展。

第三节　我国农业废弃物沼气生产的现状及前景

我国每年会产生大量有机废弃物，以农业残余物为主，主要包括农作物秸秆、农产品加工副产品和禽畜粪便。2013 年我国农作物秸秆、农产品加工副产品及畜禽粪便的理论资源量分别为 9.56 亿吨、1.15 亿吨和 26.76 亿吨，其中畜禽粪便理论资源量中粪便量为 18.09 亿吨，尿液量为 8.67 亿吨。农业废弃物利用得当是资源，利用不当或不利用就很可能成为污染源。因此，提高农民对秸秆利用的积极性至关重要。多年来，我国农村一直面临着因农业废弃物处置不当而造成严重环境污染以及可再利用资源严重浪费的问题。

农业废弃物利用方式多样，如秸秆可用于薪柴、畜牧饲料、工业原料、还田及作为生物能源原料等。尤其是基于农业废弃物的生物能源完全避免了发展生物能源时的“粮食安全”的担忧。目前，结合沼气生产的循环农业利用方式是我国农业废弃物能源利用的最主要方式，其突出的减排效果和减污效果已经被广泛研究和证实。近年来，对我国农业废弃物利用模式的研究逐渐成为热点，目前主要集中在农户层面。农业废弃物的沼气利用被认为是减污、减排和循环农业高效综合利用的最佳途径之一，因此系统和有针对性地对我国农业废弃物的典型利用模式进行梳理，分析其中可能存在的问题有助于我国农业废弃物的高效和无害化利用。

一、我国农业废弃物主要利用模式

我国农业废弃物主要包括农作物秸秆、农产品加工副产品和畜禽粪便，其中农产品加工副产品一般包括稻壳、花生壳和玉米芯。在评估农业废弃物资源量时，农产品加工副产品容易被忽略。由于农作物秸秆和农产品加工副产品均直接来自农作物，其主要利用方式基本一致，但侧重点不同，主要可用于畜禽饲料、工业原料、生活燃料、秸秆还田及作为沼气生产原料等。畜禽粪便的主要用途是作为粪肥和沼气发酵原料等。

在与沼气结合的循环农业利用模式中，在农户层面主要有“三合一”模式、“四位一体”模式和“五配套”模式；在大中型工程层面有“德青源模式”“气热电肥联产模式”等。我国农业废弃物主要利用模式如图 6-1 所示。

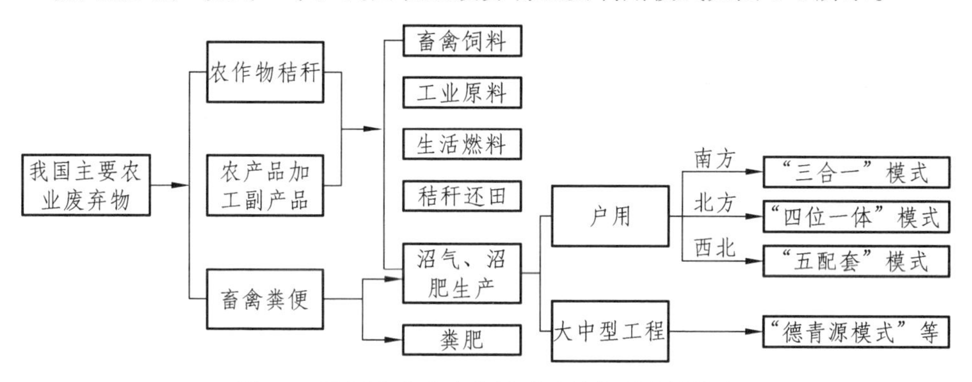

图 6-1　我国农业废弃物组成及其主要利用模式

我国农业废弃物的主要利用方式不同。有研究将我国畜禽养殖场废弃物处理的基本工程模式分为能源生态模式、能源环保模式、种养平衡模式、土地利用模式、达标排放模式等；另外也有研究将养殖废弃物的循环利用模式分为农牧业有机结合模式、物联网+智慧养殖模式、主体小循环、园区中循环和区域大循环模式等；研究认为，目前我国秸秆全量化利用技术模式主要分为还田主导模式、种养结合模式、产业带动模式和多元循环模式等。

农业废弃物具有广泛的用途，除与沼气生产结合的循环农业用途外，农作物秸秆和农产品加工副产品一般还可以用于畜禽饲料、工业原料、生活燃料和秸秆还田等方面。畜禽粪便的非沼气利用模式主要是用于直接堆肥，此外还可用于饲料生产。

此外，农业废弃物还有未利用部分。未利用秸秆一般是指秸秆被废弃或直接焚烧掉的部分。每年直接焚烧的秸秆带来的严重空气污染已经被广泛重视。为了保护环境，很多当地政府都明文禁止直接焚烧，但禁而不止的现象突出。此外，畜禽粪便的未充分利用主要在于农村畜禽散养模式导致的畜禽粪便收集困难。当前畜禽粪便在农村主要用于沼气生产和粪肥，如若未妥善处理同样会对环境造成严重污染。

二、我国沼气利用现状及主要沼气利用模式

1. 我国沼气利用现状

20 世纪 70 年代初，我国政府在农村推广沼气事业，沼气池生产的沼气一般用于农村家庭的炊事并逐渐发展到照明和取暖上。这期间主要经历了 5 个阶段：第 1 阶段是 20 世纪 70 年代初到 80 年代初，为高速发展和回落阶段。当时政府在全国大力推广沼气用于解决农村地区的燃料短缺。但这次“拔苗助长”的推动建设方式由于缺乏技术支持和管理不善，造成沼气池数量先增后降。第 2 阶段是 8 年代初到 90 年代初，为调整阶段。该阶段主要修理问题沼气池，所以发展速度放慢。第 3 阶段是 90 年代初到 90 年代末，为回升发展阶段。由于第 2 阶段科研与示范工作取得重要成果，沼气与生态建设有机结合，户用沼气池建设回升发展。第 4 阶段是 2000—2012 年，为快速发展阶段。期间我国沼气快速发展，户用沼气和农业工程沼气发展尤为迅速。第 5 阶段为 2013 年至今，我国沼气总产量开始徘徊不前并有逐渐下降趋势，主要是农村人口生活习惯发生改变、城镇化等原因造成农村户用沼气池大量弃用。

2001 年我国沼气总产量为 31.5 亿立方米，到 2013 年时我国沼气总产量达到了 157.77 亿立方米，较 2001 年增加了 400%。2013 年是我国 21 世纪以来沼气产量的顶峰。实际上 2012、2014 年我国沼气总产量与 2013 年非常接近，说明 2012—2014 年我国沼气发展已经失去了快速发展的动力，开始徘徊不前。2014、2015 年我国沼气总产量分别为 155.04 亿立方米和 148.66 亿立方米，可见我国沼气发展乏力，形成向下发展趋势。2001—2015 年我国沼气生产总量如图 6-2 所示。

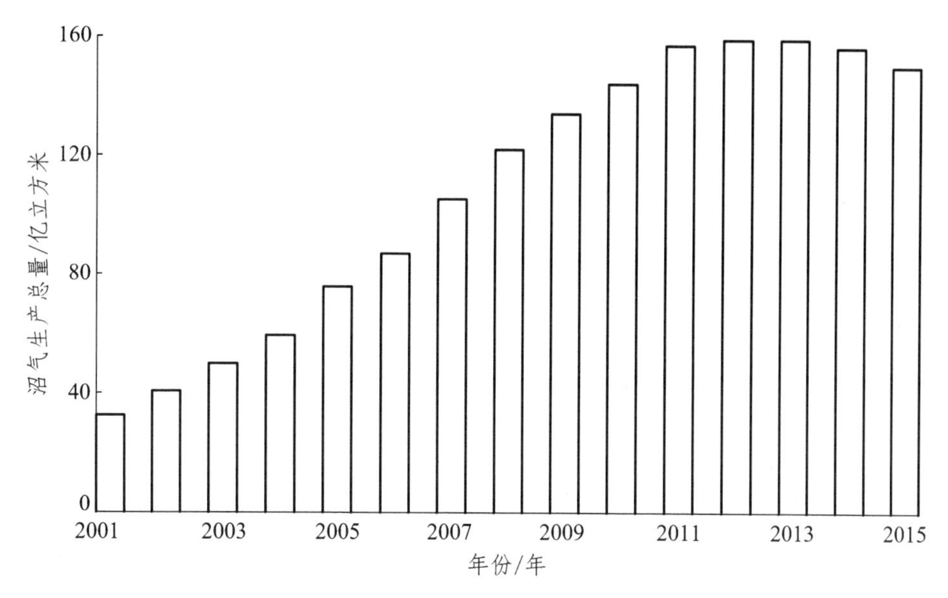

图 6-2　2001—2015 年我国沼气生产总量

总体上，沼气工程在我国的发展比较顺利。虽然我国沼气总产量达到顶峰并有下降趋势，但农业工程沼气产量仍在逐年增加，在我国沼气总产量中的比例也不断增加。从 2001—2015 年我国沼气主要来源及比重如图 6-3 所示，可以发现，我国户用沼气产量的比重逐年下降，从 2001 年的 94.67%下降到 2015 年的 83.01%；农业工程沼气产量的比重得到了比较明显的提升，从 2001 年的 1.11%增加到 2015 年的 15.13%；而工业工程沼气的产气量虽然在总量上保持相对稳定，但所占比例却从 2001 年的 4.22%下降到 2015 年的 1.86%。

从历年我国沼气产量可以发现，沼气生产主要以农业废弃物沼气为主，主要包括户用沼气和农业工程沼气，工业工程沼气在我国沼气产业中的比重极低。因此，农业废弃物的沼气化利用是我国废弃物处理和沼气生产的协同选择。

2. 与沼气生产结合的循环农业利用模式

与沼气生产结合是循环农业的重要途径之一，而且已经被证明具有显著的减污、减排效果。因此，与沼气生产结合的循环农业利用模式在当前和未来都将是我国低碳发展与可再生能源开发的战略重点。

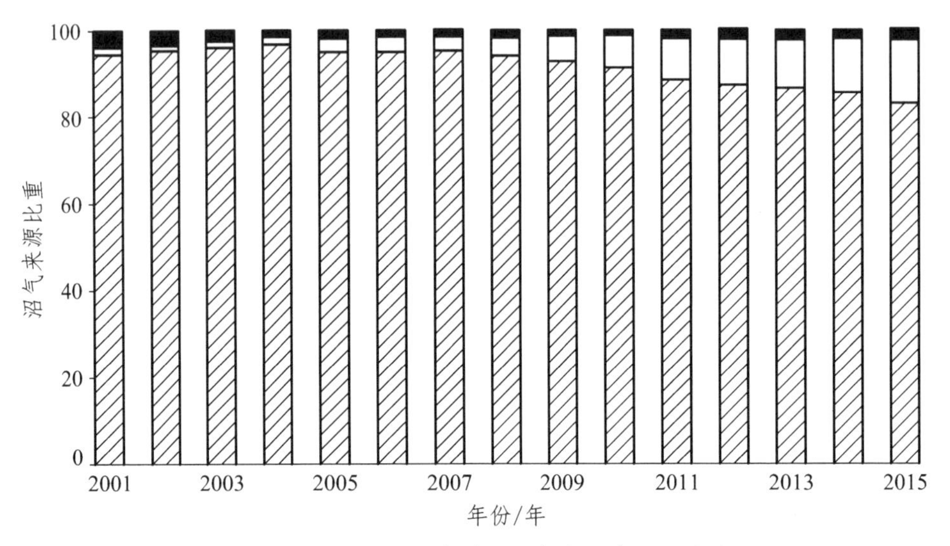

图 6-3　2001—2015 年我国沼气主要来源及比重

（1）户用模式。

户用模式之一为“三合一”模式。“三合一”模式主要分布在我国南方地区。猪粪是沼气生产的主要原料，根据农业对象的差异，目前主要有“猪→沼→果”“猪→沼→茶”“猪→沼→菜”“猪→沼→花”等农业生态模式。除了养殖猪以外，广大农村的农户一般还会养殖牛、鸡、羊等畜禽，因此“三合一”模式可总结为“畜禽→沼气→农林作物”模式，其中农林作物则广泛地存在于农业和林业当中。

户用模式还包括“四位一体”模式。“四位一体”模式主要分布在我国北方地区，该模式的特点是引入了温室。该模式以庭院为基础，集日光温室、沼气池、猪舍等为一个统一的整体，以太阳能为动力，以沼气生产为纽带，种养结合构成生态的良性循环，尤其是利用庭院有限的土地和空间，生产绿色有机食品，并通过秸秆利用有效地减少了农村的环境污染。

在我国西北地区还使用着“五配套”模式。其主要特点是为了适应当地的干旱环境引入了蓄水窖。该模式主要包括沼气池、果园、暖圈、蓄水窖和太阳能。“五配套”模式以农户庭院为中心，以节水农业、设施农业与沼气池和太阳能的综合利用作为解决当地农业生产农业用水和日常生活所需能源的主要途径。

（2）大中型工程模式。

随着畜禽养殖的集约化，农村肥料施用由有机肥为主转变为化肥占主导地位，导致了畜禽粪便的未充分利用，甚至带来新的环境污染问题。因此，如何高效、综合利用畜禽粪成为畜禽养殖集约化需要考虑的关键问题。

三、我国农业废弃物沼气化利用中存在的问题

（1）我国农业废弃物资源量巨大，但资源浪费严重。

在考虑了其他必要用途的前提下，无论是 19.00%还是 5.64%的农业废弃物沼气开发率都从侧面反映了我国农村农业废弃物资源浪费已相当严重。如何充分和高效地利用我国农业废弃物资源是未来很长一段时间需要面对的主要问题。此外，目前农业废弃物利用中各用途比例只是当前技术、经济水平下的反映，如何优化利用还需要进一步研究和实践。

（2）沼气池废弃率高。

由于缺乏科学的引导和规划，我国的沼气池废弃率问题显得比较突出。主要原因是易接受新事物的农村年轻人外出打工现象越来越多，因外出务工人员增多造成的农村沼气池的闲置比例越来越高，留守在家的多为老年人和小孩，由于技术指导和宣传不到位，老年人不懂得按要求投料、换料，不测试 pH，造成发酵料液酸化等，部分农户沼气池的原料不足或嫌麻烦也是造成沼气池废气率高的原因。

（3）农业废弃物利用模式多样化，但产业化水平低。

目前我国农业废弃物主要有“三合一”“四位一体”“五配套”等利用模式，企业化的优良模式如“德青源模式”和“民和牧业模式”等仍较少。总体来看，我国农业废弃物利用模式缺乏集约、规模效应，其结果是资源利用率很低，产业化水平低。集约利用的关键在于资金和技术。因此，如何进一步提高农业废弃物利用的技术水平，拓展农业废弃物沼气产业化发展的投、融资渠道是促进我国农业废弃物沼气化利用的关键环节。

（4）我国农业废弃物处理的相关政策亟待完善。

大中型沼气工程一次性投资较大，且当前情况下企业能从工程项目建设中获得的收益相对较低，投资回收期长，商品化程度低造成了建设融资难，运行获利难。企业没有经济效益就很难推动我国沼气产业的发展。我国在沼气工程建设的用地、用电、税收以及排污费收取等方面没有优惠政策和措施，这些都需要完善。只有完善政策，确保沼气工程的健康运转，让高品质的燃气进入市场产生经济效益，才能反过来促进这个行业的发展。此外，我国始

终禁而不止的秸秆禁烧问题充分反映出相关政策的实效性低。如何制定出政府满意、百姓支持且实施效果良好的农业废弃物处理政策是我国农业废弃物高效、综合利用的政策保障。

（5）我国低碳循环农业发展模式的重视程度不够。

众多研究证明，利用农业废弃物生产沼气具有显著的温室气体减排效果，但我国以农户为主要处理单位的废弃物利用模式在减污和减排效果效率上还不如企业，这主要涉及资源利用效率及沼气逃逸等问题。尽管我国已经有了一些效果极好的企业模式，但推广力度还不够，也就造成了我国农业废弃物集约化利用程度很低，从而导致低碳农业在我国农业生产和农业废弃物处理中的重要性将会愈加凸显。

四、结　论

推进资源循环利用，发展清洁能源，是全世界都将面临的重大挑战。21 世纪注重低碳发展，废弃物的减量化、资源化、综合化处理利用是实现低碳发展的基本要求。农业与农村废弃物的资源化循环利用和生物能源化已经成为许多国家低碳发展与可再生能源开发的战略重点，并有望成为极具发展潜力的战略性行业。在我国现有的农业废弃物资源基础上，如何进一步优化利用农业废弃物资源将是一个长久的具有重要价值的课题。

第四节　沼气的产业化对城市节能发展的作用

沼气是一种清洁能源，由于其生产加工工艺及储运的限制，在竞争力上无法与广泛使用的石油、天然气等化石能源一较高下。随着国际油价的大起大落及现已探明的化石能源的储量限制，一味地依赖化石能源已成为世界经济发展的瓶颈。国际能源新趋势正在向新型的可循环利用的清洁能源发展，以期替代现日益减少的化石能源。相比之下，已具有一定技术积累的沼气能源应成为新能源的代表。

进入 21 世纪以来，环境问题逐渐成为世界各国在经济发展过程中，与经济增长相伴生的另一主要问题。在发达国家和发展中国家中，都不期而遇地面对着日益增长的国民生产总值与不断恶化的环境污染问题同步上升的现状。我国作为发展中国家，也在高速增长的国民生产总值的过程中，面对着令人头痛的环境问题。城市人口的不断增长带来了生活垃圾的大量集中；工业化生产带来了工业垃圾的大量聚集。空气质量的直线下降和雾霾天气的不断增多，让在生活水平进入提高阶段的所有大城市的居民，都感受到了环境对于城市宜居和生活质量的影响之大。

中国是个人口大国，正逐步加大城市化进程和工业化进程，随着城市的扩容和工业的高速发展，环境污染、能源紧缺等问题突显出来，亦阻碍了中国的城市化进程，降低了工业化发展速度，影响了城市的经济发展和城市居民的生产生活质量。形成了城市规模的快速发展与城市环境质量的降低和能源供应相对匮乏的矛盾。在面对如此严峻的经济发展矛盾时，应当考虑适时地发展清洁能源，突破经济发展过程中的瓶颈，做到经济发展与环境保护和节能降耗之间有机地结合，使经济发展进入到一个可持续阶段。

沼气作为一种清洁能源，在广袤的中国大地上已经有了小规模地应用，但要作为一种产业化生产的商品，还需要国家提供一套宽松地政策支持和舆论导向，提供雄厚的资金扶持和过硬的技术支持。充分利用国家的现有资源，化腐朽为神奇，变废为宝，让经济发展过程中产生的有机垃圾，通过自然界中的微生物转化成沼气，实现沼气的产业化生产和储运，以及进一步形成沼气的深加工，逐步成为为人民大众造福的清洁能源。沼气作为一种清洁能源，不仅会成为工业生产中的重要能源之一，也会成为降低环境污染和提高空气质量的强力推手。因此，促进沼气的产业化，加大沼气的利用率，可以改善城市的环境，促进城市经济的可持续发展，以提高城市的宜居水平和文明程度。

一、沼气的产业化可降低环境污染，增加居民收入

沼气是微生物对有机物在一定环境下发酵分解产生的可燃气体。既然是可燃气体，就是能源，就可以为我所用。只需对生活污水和生活垃圾进行有效的回收处理，就有了形成规模化的沼气产业，从而进一步利用好沼气资源，做好城市的节能降耗工作。

一个规模化的城市，人口在几十万至上千万之上，每日生产的生活垃圾和生活污水的量是一个非常可观的数字。一个城市的居民在生产生活过程中要产生大量的有机废物，如居民的粪便，残羹剩饭，绿植的枯枝落叶，这些平常在人们眼中习以为常的垃圾，通过集中回收，集中处理，在微生物的有效转化下，会不断地生成沼气，产生大量的热能，最后生成的是对环境无害却对农作物有益的有机化肥。这不仅对城市垃圾进行了有效的处理，也对那些对能源需求较小的居民圈提供了足够的需求。

现有的城市垃圾和污水处理的方式简单，只是对垃圾进行了简单地无害

化填埋和焚烧处理，污水则是进行简单的沉淀处理，处理规模小，而城市污水和生活垃圾的增长可以说是以惊人的速度递增，这严重影响了城市的美化和居民的生活水平。有人说过：地球上没有废物，只有放错了地方的宝贝。这句话在一定程度上谴责了人类对自然不负责任的索取，而不知道利用自然本身的能量转化，将大量的有机垃圾转化成清洁能源。而根据能量守恒定律而言，能量是可以在物质间以不同形势进行转换的。为什么我们不能把生活垃圾和生活污水这些放错了地方的能源宝库，转化成我们日常生活中必不可少的生活能源呢？现在国家经济条件有了一定的基础，人力、物力、财力和相关技术，以及国家可持续发展战略的制定，支持了这一工作的进行，我们可以给自己创造一个更加清洁、更加节能的生活环境，也可以为我们的后代留下一个可持续发展的地球。

现在国家正在大力地提倡节能降耗，而对生产生活中产生的有机垃圾进行无害化转化，正在国家政策要求的范围之内。只要突破了沼气和产业化生产和储运难关，沼气的应用将是清洁能源中可与风能、太阳能相比肩和另一新型清洁能源。如果能在每一个人口聚集的地区建立一个沼气生产基地，并伴有一个相应的发电设备，那我们将不会再见到由垃圾堆积而成的山丘，也不会再闻到由于垃圾腐败产生的难闻的气味，更不会再见到由煤炭燃烧产生的粉尘而造成的雾霾天气。我们的生活环境会变得越来越好，空气会变得越来越清新。

二、沼气产业化的优势

（1）沼气的产业化为城市提供了继化石能源、太阳能、风能等之后的又一种清洁能源。

它有前几种能源不可替代的优势：它降低了对化石能源的依赖，不像太阳能、风能等受环境气候的限制，由于其生产和燃烧可产生大量的热量，应用范围可与石油天然气相媲美，却是可再生能源，不会受到储量的限制。因为，只要有人类生活生产的地方，就会有大量的垃圾产生，就会有制造沼气的原材料。

作为沼气生产的原材料，生活生产过程中的有机垃圾也是破坏环境的重要来源之一。通过对这些有机垃圾的集中收集和处理，就能降低垃圾对城市的污染，变废为宝，重新发挥这些放错了位置的宝贝，为人类的生活生产提供源源不断的能源。

（2）沼气产业的规模化势必要进行大规模地工业化生产，提供了就业岗位，对增加就业，提高城镇人均收入。

而对生活污水和生活垃圾的处理，又减少了环境污染，净化了城市空气，提高了城镇居民生活质量。建造沼气生产基地，会用到大量的基础建设资源，如水泥，钢铁以及其他建筑建设资源，这将会直接拉动相关企业的产值增长。对于处于经济发展瓶颈时期的中国能源来说，能够适时地发展沼气能源，会给中国的能源经济提供一个突破产业瓶颈的一种手段。

（3）沼气生产的成本低廉，收入可观。

由于生产沼气的原材料都已是城市垃圾，原材料成本基本可以忽略不计。就生产而言，除了前期土地、工业设备及人工成本、技术投资较大，在后期生产过程中，成本仅为人工成本和设备维护费用，其成本低廉可见一斑。况且，国家对节能降耗工程有一定的资金支持，产品利润可得到进一步的提高。可以说沼气产业化，是一项既美化环境，又有一定收益的投资项目。如果能有效地研制成功沼气发电项目，将会成为国家电网中的另一个主力军，而沼气生产的最终产物则是很好的生物化肥，也可以提高产品的附加值。

（4）沼气生产的能耗低。

沼气是通过生物在密闭的空间内发酵产生的，外界温差变化会对其有太大的影响。其所消耗的电能既可通过太阳能和风能提供，也可以靠自身发电设备提供。而由于生活污水的使用，其生产过程中所用的水的问题就不是问题了，所以在能源消耗上是较低的。

（5）减少城镇污水排放，有效处理部分生活垃圾。

中国是个资源紧缺的国家，为了节约用水，国家做出了相关的政策要求。但受制于经济发展的需求，水资源的节约量仍跟不上经济发展的需求量。在沼气的产业化过程中，对污水的需求是巨大的，城市生活生产中的大量有机污水，经过在沼气生产过程中的简单处理，大部分杂质和悬浮物质已得到一定的沉淀，从而降低了污水中的有机质含量，为下步处理做好了前期工作。并可利用处理后的水为供热循环、工业用水及其他非人畜饮水领域提供水源，减少水资源的浪费，从而降低了对水资源的过度使用，让更多的优质水源为人们的生活提供服务。而对生活垃圾中的有机成分的处理，也可以降低生活垃圾对可用水资源的污染，为我们的生活提供一片片清洁的水源和美景。

三、沼气生产产业化前景

（1）为城镇居民提供燃气。

形成规模的沼气，可以向城镇居民提供稳定的生活用气。从工厂里出来的沼气，经过处理后，可经输气管线直接入户，只要气压稳定，居民的生活用气是能够得到保障的，从而减少对液化气、煤炭等能源的依赖。当沼气的产量达到一定的程度之后，可以为相关生产企业提供能源补充，通过原材料和能源的置换，可以降低企业的能源成本。从而提高了居民生活质量，增加了企业的效益，亦降低了对化石能源的消耗，减少了生产生活过程中的一些不必要的浪费。

（2）用沼气作为燃气发电，可减缓城镇用电紧张。

利用沼气燃烧产生的热能，可以驱动大型蒸汽机，带动发电设备，形成商业电力。商业发电无外乎建造大型水电站，核电，煤电等，现如今太阳能发电和风力发电还形不成规模。日本福岛核电站事故给全世界敲响了警钟，核电的发展受到其安全性的威胁。大型水电站的建设受到地理环境的限制，由于煤电对环境的污染，正在被其他技术取代。而通过沼气的燃烧提供电力，既可以在原煤电的基础设施上进行改进，又保护了环境，其效益是可观的。

（3）为城市提供热能。

沼气的生产过程中会产生大量的热能。把这些热能收集起来，可以和通过燃烧产生的热能一起为冬日里的城镇提供暖气，也可以为城市周边的蔬菜大棚提供热量，这不仅降低了工业生产中的碳排放量，减少了城市的雾霾天气，还城市一个清洁的天空，更增加了沼气生产的效益，真可谓一举多得。

（4）为农业生产提供绿色有机肥料。

沼气生产过程中产生的沼液、沼渣，通过收集处理后，可以制成高效的有机肥料。这些有机肥料是完全无害的，不含对人体有害的物质，把这些有机肥料放入到农业生产中，会大大地增加农作物的产量，而不含有害残留。再通过对农业生产过程中产生的秸秆和农业废料的置换，也可以降低农业生产的成本，提高农作物的质量和收益。当达到一定规模化生产后，其有机肥料的生产也是相当可观的，完全可以满足部分区域内农作物的肥料需求。这也可以说是沼气生产过程中的另一项额外收入。

当然，沼气的应用范围相当广泛，其优势也是相当明显的。因此，沼气产业化具有一定的环保优势，理应会得到政府的大力支持。只要做好规划设计工作，根据城市排污能力和垃圾处理能力，认真规划工厂用地及相关配套使用设施，沼气资源的发展不可估量。

第五节　紫茎泽兰与马铃薯皮渣混合产沼气研究

如前所述，从理论上讲，马铃薯皮渣的用途很多，例如制备膳食纤维和提取果胶，生产蛋白饲料或青贮饲料，制备燃料酒精及生物质混合燃料等，然而就目前的技术和经济现状而言，利用马铃薯皮渣生产沼气是四川省凉山彝族自治州这样的经济贫困地区的首选处理方式。沼气生产在农村有巨大潜力，既避免了由于马铃薯全粉生产等深加工所产生大量皮渣对环境的污染，又为农村人口的生产生活提供了能源，经济、环境效益显著。同时随着马铃薯产业的不断发展，以马铃薯皮渣为原料的沼气生产可在城市实现产业化，从而推动经济的可持续发展。

四川马铃薯工程技术中心在马铃薯系列食品开发研究的同时进行了马铃薯皮渣的资源化利用研究，主要针对沼气生产。基于环境保护的高效性和沼气生产原料的可获得性，中心选择了紫茎泽兰和牛粪作为沼气生产的添加原料。紫茎泽兰因其环境适应性强被称为入侵性植物，入侵后，会导致土壤动物类群数量和部分类群个体数量减少，破坏了生物的多样性。因此我们认为紫茎泽兰对环境具有破坏作用。然而研究表明紫茎泽兰含有丰富的营养成分，如氨基酸、蛋白质、脂肪等，如果能够加以利用，如生产沼气，加工饲料等，巨大的消耗就能缓解它的入侵性从而保持生物多样性。

一、研究背景和意义

紫茎泽兰（*Eupatorium adenophorum Spreng*）英语俗名：*Croftonweed, Mistflower Eupatorium*；别名腺泽兰，系菊科泽兰属丛生状半灌木多年生草本植物。原产于美洲的墨西哥至哥斯达黎加一带，大约在 20 世纪 40 年代由中缅边境传入我国云南南部。紫茎泽兰对环境的适应性极强，入侵后，会导致土壤动物类群数量和部分类群个体数量减少，破坏了生物的多样性。但是紫茎泽兰具有一定饲用价值含有丰富的营养成分，如氨基酸、蛋白质、脂肪等。研究表明：紫茎泽兰是一种理想的饲料与沼气发酵原料。

马铃薯是一种高产作物，且是粮菜兼用作物，营养价值高。在加工马铃薯生产淀粉的过程中会产生大量高浓度有机的废水和废渣，废渣里含有蛋白质、氨基酸、糖类等物质，容易被微生物利用，如果不进行综合利用和末端治理，直接排放，会对环境造成严重的污染。

单一原料发酵已得到深入细致的研究，并形成了较成熟的技术体系而应用于实际生产生活中。但是诸多研究表明，不同发酵原料以一定比例混合后的发酵效果较单一原料发酵效果有显著提高。Weiland 提出，混合厌氧发酵以及优化混合原料组合将是厌氧消化技术的重要发展方向。

本研究主要以紫茎泽兰茎秆和马铃薯生产淀粉过程中所产生的废渣为原料，以常温厌氧

发酵池中底部液体为接种物，在自制发酵装置内，研究不同原料配比、沼气底液和温度对厌

氧发酵产气速率和累积产气量的影响。旨在找出最佳的配比、沼气底液和温度。为解决农村能源短缺、紫茎泽兰和马铃薯深加工废渣的资源利用率，使其变废为宝提供理论依据和技术支撑。

二、材料与方法

1. 混合紫茎泽兰与马铃薯深加工废渣产沼气研究

（1）实验原料。

紫茎泽兰取自西昌学院图书馆后的小森林。采取的紫茎泽兰去根和叶，除去杂质并切成小段，放入干燥烘箱，在 105 °C 烘干。将烘干的紫茎泽兰小段取出，用粉碎机粉碎过 20 ~ 40 目分析筛，备用。自制马铃薯废渣，即做即用。向沼气发酵装置中加入富含大量沼气微生物的接种物，可以加快沼气发酵的启动速度和提高沼气产气量。因此，接种物取自农户正常产气沼气池底部的液体。

（2）实验装置。

采用常规排水法收集气体，发酵装置如图 6-4 所示。所有接口均涂抹上凡士林以增强气密性。将发酵瓶置于恒温水浴锅以保持其温度。

（3）实验设计。

研究不同比例、沼气底液及温度 3 个因素对厌氧发酵产气量的影响，试验中每个处理设置 2 个重复。分别进行：比例对厌氧发酵产气量的影响测量：设定发酵温度为中温 30 °C，沼气底液为 100 mL，设定比例分别为 3∶1，2∶1，1∶1，1∶2，1∶3 时测定其各个处理的产气量；沼气底液对厌氧发酵产气量的影响测量：设定发酵温度为中温 30 °C、比例为 1∶2，设定沼气底液为分别为 50 mL、75 mL、100 mL、125 mL 时测定其各个处理的产气量；温度对厌氧发酵产气量的影响测量：设定比例为 1∶2，沼气底液为 100 mL，设定温度

分别为 20 °C、25 °C、30 °C、35 °C、40 °C、45 °C、50 °C 时测定其各个处理的产气量。

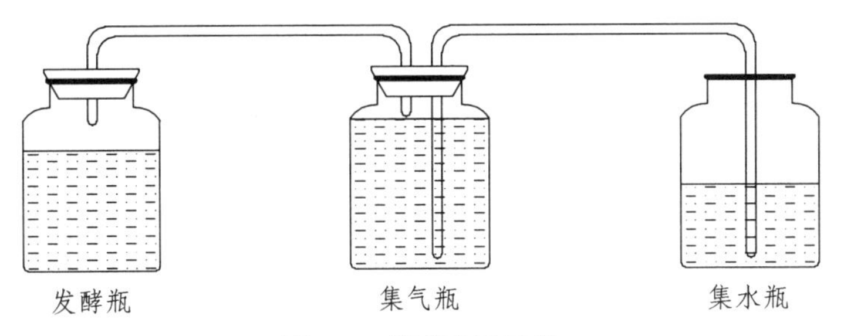

图 6-4　发酵装置示意

三、结果与分析

1. 不同因素对紫茎泽兰茎秆与马铃薯废渣混合发酵的影响

（1）紫茎泽兰与马铃薯深加工废渣比例对厌氧发酵产气量的影响。

将温度固定在 30 °C，沼气底液在 100 mL 的厌氧发酵条件下，研究紫茎泽兰与马铃薯深加工废渣比例对混合厌氧发酵产气量的影响。原料配比的不同会影响到微生物活性，从而影响到沼气的产量。从图 6-5（a）可以看出，3∶1、2∶1、1∶2、1∶3 的比例厌氧发酵启动快，均能在较短的时间内开始正常产气，1∶1 比例无产气情况。1∶2 在正常产气的第 2 天出现产气高峰，峰值为 690 mL/d，产气高峰过后产气速率逐渐下降。3∶1 和 1∶3 的比例在正常产气的第 1 天出现产气高峰，峰值分别为 440 mL/d 和 520 mL/d，产气高峰过后产气速率逐渐下降。2∶1 的比例在正常产气的第 3 天出现产气高峰，峰值为 147 mL/d，产气高峰过后产气速率逐渐下降。各组不同原料比例的产气速率变化曲线基本相似，都有高峰，而后下降至产气结束。这主要是和甲烷菌与产酸菌的活性和密度有关。当系统中产酸菌的产酸的速度与甲烷菌利用有机酸的速度达到平衡时，产气速率就会提高，反之，则产气速率就会下降。通过 SPSS 软件 Kruskal-Wallis 比较结果显示（见表 6-1），3∶1 与 1∶3 之间产气速率差异显著（$P<0.05$）。

从图 6-5（b）可以看出，5 种不同混合比例产气结束后，累计产气量依次为 1∶2 > 1∶3 > 3∶1 > 2∶1 > 1∶1，分别为 1 356 mL、1 006 mL、486 mL、391 mL 和 0 mL。由此可以看出，紫茎泽兰与马铃薯深加工废渣的比例为 1∶2 时，厌氧发酵的累积产气量最大。不同比例的累积产气量曲线都是逐渐增加到一定程度后停止。发酵过程中，发酵微生物的数量是影响产气量的最重要的因素，李杰等人研究表明，甲烷菌对 pH 较为敏感，适宜的 pH 为 6.8 ~ 7.8，当 pH 低于 6.7 时，甲烷菌活性受到抑制。2∶1 比例的前期无产气量，可能由于发酵前期的 pH 过低，甲烷菌活性受到抑制，产气量下降。而到发酵中后期处于酸化阶段，可降解的有机物不充足，从而使累积产气量产气量降低。Kruskal-Wallis 比较结果显示（见表 6-1），3∶1 和 1∶2、1∶3 之间的累计产气量差异显著（$P<0.05$）。

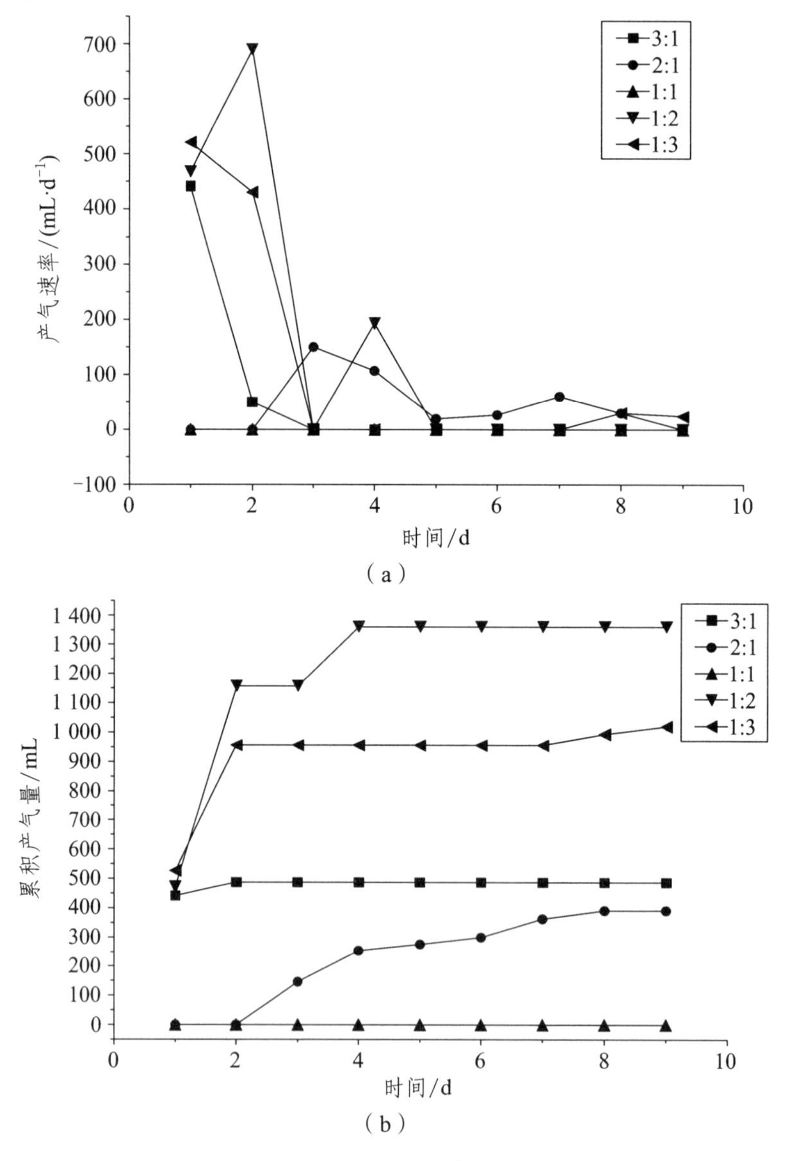

图 6-5　不同比例的产气速率和累积产气量

表 6-1　不同比例的产气速率和累积产气量 Kruskal-Wallis 比较结果

比例	均值/(mL·d^{-1})	P 值	累积值/mL	P 值
A(3∶1)	54	$P_{(A-B)}$=0.609，$P_{(A-D)}$=0.046，$P_{(A-E)}$=0.092	486	$P_{(A-B)}$=0.744，$P_{(A-D)}$=0.018，$P_{(A-E)}$=0.046
B(2∶1)	44	$P_{(B-D)}$=0.269，$P_{(B-E)}$=0.229	391	$P_{(B-D)}$=0.063，$P_{(B-E)}$=0.154
C(1∶1)	0	$P_{(C-D)}$=1.000，$P_{(C-E)}$=1.000	0	$P_{(C-D)}$=1.000，$P_{(C-E)}$=1.000
D(1∶2)	151	$P_{(D-E)}$=0.188	1 356	$P_{(D-E)}$=0.268
E(1∶3)	112	——	1 006	——

（2）沼气底液对厌氧发酵产气量的影响。

在温度为 30 °C，沼气底液为 100 mL 的厌氧发酵条件下，研究沼气底液对混合厌氧发酵产气量的影响。从图 6-6（a）可知，4 种不同的沼气底液均在短时间内开始产气。沼气底液为 75 mL、100 mL 和 125 mL 时产气速率升高后降低，并在第 2 天出现产气高峰，峰值分别为 680 mL、690 mL、815 mL。这是因为发酵初期厌氧菌有一个逐渐适应的过程，当其适应后开始分解产气。而 125 mL 在后期出现次高峰，可能是由于甲烷菌的暂时休眠后的爆发。50 mL 的产气速率逐步下降，可能是因为厌氧菌只有在适宜的料液浓度时，才能表现出最佳活性，有机物去除率最高，沼气底液较少，可以被降解的有机质含量少，产生有机酸少，甲烷菌生长繁殖需要的营养不足，菌种的活性降低，从而影响厌氧发酵的产气速率。Kruskal-Wallis 比较结果显示（见表 6-2），100 mL 与 125 mL 之间产气速率差异显著（$P<0.05$）。

一般在实际生产中，以产气量达到总产气量的 90%以上即可认为发酵基本完成。图 6-6（b）显示，当厌氧发酵基本完成时，4 种不同沼气底液的累积产气量依次为 50 mL<75 mL<100 mL<125 mL，分别为 640 mL、1 223 mL、1 356 mL 和 1 480 mL。由此可以看出，沼气底液为 125 mL 时，厌氧发酵的累积产气量最大。Kruskal-Wallis 比较结果显示（见表 6-2），100 mL 与 50 mL、75 mL 之间的累积产气量差异显著（$P<0.05$）。

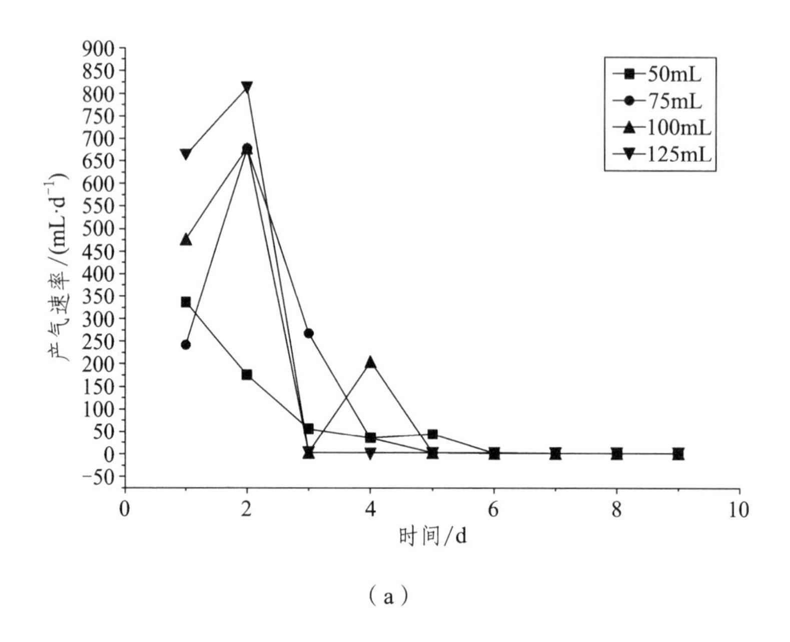

（a）

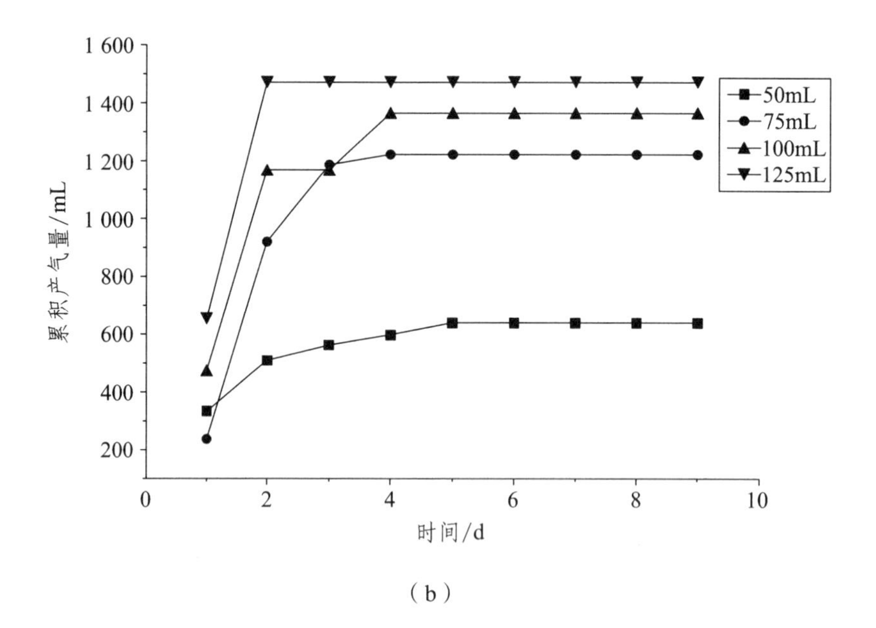

（b）

图 6-6　不同沼气底液的产气速率和累积产气量

表 6-2　不同沼气底液的产气速率和累积产气量 Kruskal-Wallis 比较结果

比例	均值/(ml · d^{-1})	P 值	累积值/mL	P 值
A(50 mL)	71	$P_{(A-B)}$=0.160， $P_{(A-C)}$=0.185， $P_{(A-D)}$=0.098	640	$P_{(A-B)}$=0.079， $P_{(A-C)}$=0.035， $P_{(A-D)}$=0.222
B(75 mL)	136	$P_{(B-C)}$=0.198， $P_{(B-E)}$=0.134	1 223	$P_{(B-C)}$=0.019， $P_{(B-D)}$=0.222
C(100 mL)	151	$P_{(C-D)}$=0.049	1 356	$P_{(C-D)}$=0.222
D(125 mL)	164	——	1 480	——

（3）温度对厌氧发酵产气量的影响。

温度是影响沼气发酵的重要因子，对微生物的宏观活性具有影响，将温度维持在适宜的范围内，有助于保证产气率。一般情况下，将沼气发酵温度范围分为常温型（10～26 °C）、中温型（28～38 °C）和高温型（46～60 °C）3 个温度类型。常温下厌氧菌最适宜的温度是 20 °C，所以在 20 °C 左右是常温甲烷菌起主要作用，而 30 °C 左右是中温甲烷菌起主要作用，25 °C 下各类甲烷菌的活性都较低。图 6-7（a）表明，除 25 °C 外，其余温度均能在短时间内正常产气，产气速率初期呈上升趋势，均在第 2 天出现产气高峰，峰值分别为 300 mL、673 mL、468 mL、239 mL、700 mL 和 435 mL。Kruskal-Wallis 比较结果显示（见表 6-3），30 °C 与 40 °C、45 °C、50 °C 的产气速率差异显著（P<0.05），40 °C 与 45 °C、50 °C 的产气速率差异显著（P<0.05），45 °C 和 50 °C 的产气速率差异显著（P<0.05），30 °C 的厌氧发酵效果显著优于 40 °C、45 °C、50 °C 的厌氧发酵效果。25 °C 无产气情况，可能是由于常温下厌氧菌在 20 °C 的活性最高，而 25 °C 下的厌氧菌代谢活动降低，进而处于生长繁殖停止状态，并且参与发酵的原料较少，导致产气不显著。

图 6-7（b）显示，7 种不同温度产气结束后，累计产气量依次为 30 °C > 35 °C > 45 °C > 50 °C > 40 °C > 20 °C > 25 °C，分别为 1 663 mL、1 278 mL、1 220 mL、735 mL、385 mL、357 mL 和 0 mL。由此可以得到，当温度为 30 °C 时，厌氧发酵的累计产气量最大，适合沼气发酵温度依次为中温型>高温型>常温型。Kruskal-Wallis 比较结果显示（见表 6-3），20 °C 与 30 °C、40 °C 的累积产气量差异显著（P<0.05），30 °C 与 40 °C 的累积产气量差异显著（P<0.05），35 °C 与 40 °C 的累积产气量差异显著（P<0.05）。

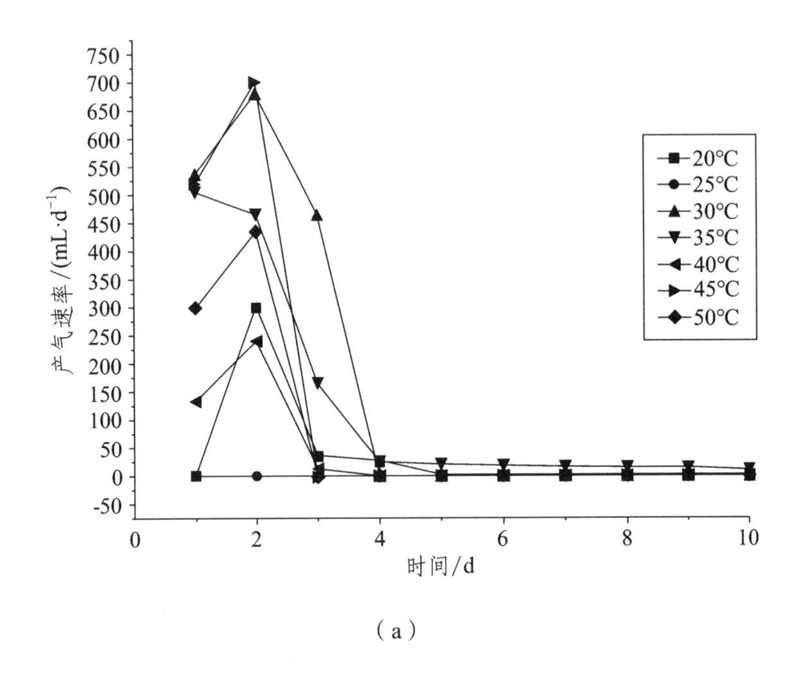

（a）

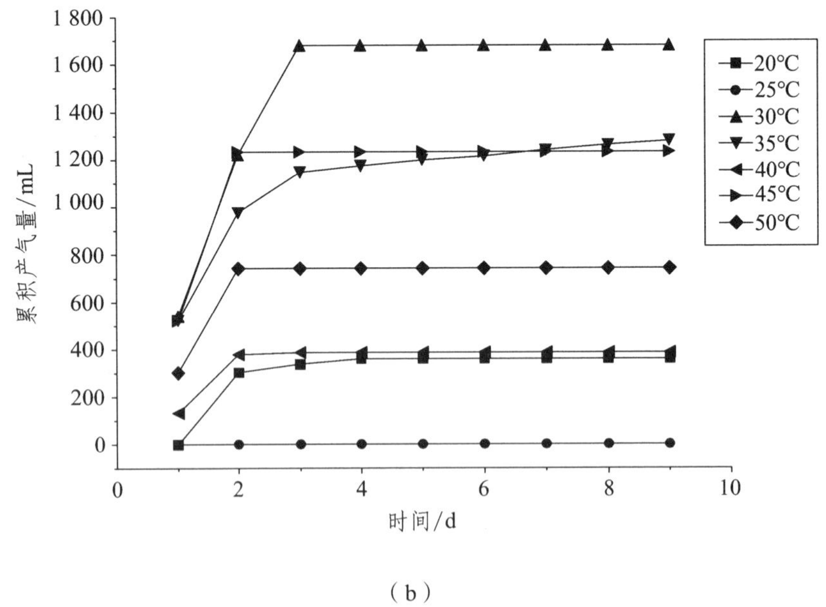

（b）

图 6-7　不同温度的产气速率和累积产气量

表 6-3　不同温度的产气速率和累积产气量 Kruskal-Wallis 比较结果

比例	均值/(ml·d^{-1})	*P* 值	累积值/mL	*P* 值
A(20 °C)	40	$P_{(A-C)}$=0.108，$P_{(A-D)}$=0.433，$P_{(A-E)}$=0.108，$P_{(A-F)}$=0.165，$P_{(A-G)}$=0.165	357	$P_{(A-C)}$=0.049，$P_{(A-D)}$=0.433，$P_{(A-E)}$=0.049，$P_{(A-F)}$=0.222，$P_{(A-G)}$=0.222
B(25 °C)	0	$P_{(B-C)}$=1.000，$P_{(B-D)}$=1.000，$P_{(B-E)}$=1.000，$P_{(B-F)}$=1.000，$P_{(B-G)}$=1.000	0	$P_{(B-C)}$=1.000，$P_{(B-D)}$=1.000，$P_{(B-E)}$=1.000，$P_{(B-F)}$=1.000，$P_{(B-G)}$=1.000
C(30 °C)	185	$P_{(C-D)}$=0.433，$P_{(C-E)}$=0.046，$P_{(C-F)}$=0.049，$P_{(C-G)}$=0.049	1 663	$P_{(C-D)}$=0.433，$P_{(C-E)}$=0.018，$P_{(C-F)}$=0.222，$P_{(C-G)}$=0.222
D(35 °C)	142	$P_{(D-E)}$=0.129，$P_{(D-F)}$=0.118，$P_{(D-G)}$=0.118	1 278	$P_{(D-E)}$=0.118，$P_{(D-F)}$=0.222，$P_{(D-G)}$=0.222
E(40 °C)	43	$P_{(E-F)}$=0.049，$P_{(E-G)}$=0.049	385	$P_{(E-F)}$=0.222，$P_{(E-G)}$=0.222
F(45 °C)	136	$P_{(F-G)}$=0.018	1 220	$P_{(F-G)}$=0.222
G(50 °C)	82	——	735	——

四、结果与讨论

混合紫茎泽兰与马铃薯深加工废渣产沼气研究试验结果表明，当紫茎泽兰茎秆与马铃薯深加工废渣的比例为 1∶2，温度为中温 30 °C，沼气底液为 100 mL 时的产气效果最佳。

第六节　马铃薯皮渣与牛粪不同配比产沼气效果研究

在类似四川省凉山州的山区农村，养殖业发达，因此牛粪是一种非常易于获取的沼气生产原料，同时大量的牛粪也会对环境起到破坏作用，因此采用牛粪为原料进行沼气生产优势明显。

一、研究背景与意义

马铃薯蛋白质营养价值高，易被人体吸收，具备和胃、调中、健脾、益气、强身益肾等保健功效。同时马铃薯经济价值良好，在食品、淀粉、饲料和医药等领域应用广泛。目前，世界上有 150 多个国家和地区种植马铃薯，总栽培面积达 2 000 多万公顷。在欧美等发达国家，马铃薯多以主食形式消费，已成为日常生活中不可缺少的食物之一。目前我国马铃薯种植面积和总产量均跃升世界首位，消费也是世界上增长最快的国家之一。我国的马铃薯生产和加工方式较为粗放，产生大量的马铃薯废弃物——废水、废渣、废皮，不但浪费资源，而且污染环境，制约马铃薯产业的可持续发展。

随着世界马铃薯主粮化战略的不断深入，全粉生产正逐渐代替传统的淀粉提取，因此马铃薯渣的数量大规模减少。然而马铃薯皮的产生不可避免，全球马铃薯加工所产生的马铃薯皮为每年 7 万 ~ 14 万吨。马铃薯皮渣含水量高，带有多种细菌，易腐败变质，产生恶臭，污染环境。同时，马铃薯皮渣含有大量的残余淀粉和纤维素物质，还含有发酵细菌繁殖所需的多种营养成分，适合发酵生产沼气。因此，利用马铃薯皮渣作为发酵原料生产沼气，不仅可以减少环境污染，而且还可以达到物尽其用、变废为宝的目的。

沼气发酵是一个相对复杂的过程，由多种菌群共同协作完成。它分为水解阶段，酸化阶段及产甲烷阶段，并维持着相对的动态平衡。马铃薯皮虽然营养丰富，但含有大量的纤维素物质，不易被厌氧菌分解，在发酵初期，微生物可利用的有机物质较少，不利于其生长和厌氧消化的进行。因此单纯使用马铃薯皮进行厌氧发酵，产气速度慢且产量不高，同时甲烷的纯度较低，燃烧效率低。

混合发酵是近年来厌氧发酵领域研究的热点之一，将较难分解的有机物与易分解有机物混合发酵不但同时处理了几种发酵原料，而且可以提高发酵原料的生物转化率。近期研究发现，沼气生产过程中采用微生物混合发酵的方式，可在较短的发酵期内成功地将碳水化合物转化为大量的菌体蛋白，从而提高产气量。

牛粪是养牛场产生的主要有机固体废物。新鲜牛粪中含有大量的干物质、粗蛋白、粗脂肪、钙、磷等有机质，这些有机质含量丰富且容易被微生物分解，同时还有大量的菌种，如纤维素分解细菌和甲烷菌。如果将马铃薯皮和牛粪混合发酵，牛粪中的易分解的有机质能快速被甲烷菌分解，使其大量繁殖；同时牛粪中的纤维素分解细菌能快速分解马铃薯皮中的纤维素物质，加快马铃薯皮的发酵速度；加之牛粪中还含有部分甲烷菌，混合发酵后甲烷菌的数量增多，改善了原料中的 pH 及 C、N 比，从而更利于发酵的进行。

本节研究了一个产气周期（34 天）内不同比例牛粪与土豆皮在特定混合发酵条件下产气速率、累计产气量及甲烷浓度的变化趋势；分析了反应体系的 pH 及物料的 TS、VS 变化情况；得出了最佳产气比。为马铃薯皮资源化研究及技术推广提供了依据。

马铃薯皮和牛粪混合发酵不仅能够同时处理马铃薯皮和牛粪这些污染物质，保护环境，同时可以提高发酵原料的生物转化率，使混合物发酵的更充分，增加甲烷产气量和浓度。因此，本文研究马铃薯皮和牛粪混合发酵的过程，分析马铃薯皮和牛粪对发酵过程的影响，找出马铃薯皮和牛粪的最佳产气配比。

二、材料与方法

1. 实验材料

马铃薯皮由新鲜马铃薯经机械去皮所得，并用粉碎机将马铃薯皮粉碎至 0.3 ~ 0.5 cm。牛粪取自四川省西昌市某养牛场。沼液取自西昌市马坪坝一农户家常年进行厌氧发酵的沼气池。实验材料的基本性质如表 6-4 所示。

表 6-4 马铃薯皮、牛粪的基本性质

物料	含水量/%	TS/%	VS/%	pH
新鲜马铃薯皮	77.56	22.44	88.59	5.9
牛粪	82.44	17.56	63.55	6.8
沼液	89.43	10.57	20.93	8.2

2. 实验方法

实验装置为西昌学院综合实训楼自行设置的可控性恒温厌氧发酵装置，主要由发酵装置、集气装置及控温装置 3 部分组成，如图 6-8 所示。采用 1 000 mL 广口瓶模拟厌氧反应器，将发酵原料（新鲜马铃薯皮与牛粪）按设定的比例放入瓶中，添加沼液 500 mL。整个发酵装置于恒温水浴锅中，恒温水浴锅温度控制在 28 ~ 30 °C，反应周期设为 34 天。实验设计如表 6-5 所示。实验开始时，向反应器内充入氮气以排净反应器内的空气，用橡胶塞密封，接口处涂抹凡士林增加密闭性。发酵装置和集气装置由橡胶管连接。将准备好的发酵装置放置于水槽内，并设 2 组平行实验。采用排饱和食盐水法收集气体，每天定时记录产气量；原料、接种物以及发酵前后料液的 pH 用精密

pH 试纸（5.5～9.0）测量；沼气中甲烷浓度利用沼气成分简易测定法测定；总固体含量（TS）、挥发性固体含量（VS）采用常规分析法，测定原料接种物以及发酵前后料液的 TS、VS。

表 6-5　实验设计

原料 PP（马铃薯皮渣）：CM（牛粪）（g：g）				
A	B	C	D	E
100：0	80：20	50：50	20：80	0：100

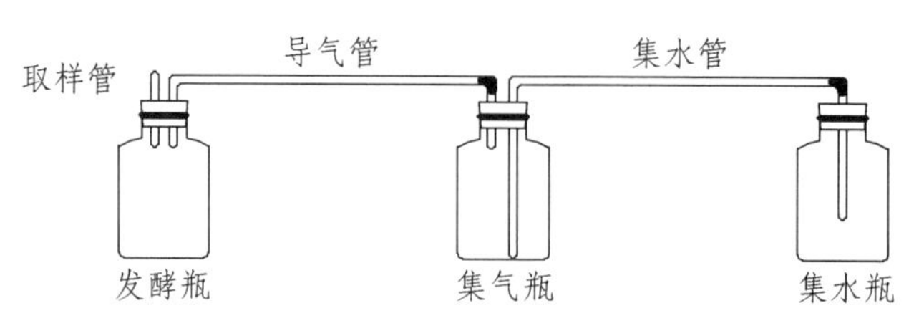

图 6-8　马铃薯皮-牛粪厌氧发酵装置

三、结果与分析

1. 沼气产量及主要成分的测定

从图 6-9 可以看出，在 30 °C 的发酵模拟器中，除实验组 C 外，各组产气情况大致可以分为发酵启动期、发酵盛产期和发酵终止期 3 个阶段。实验组 A、B、D、E 的产气量变化均为增加—降低—增加—降低的趋势。其中 A、B 曲线变化趋势相似，D、E 组变化趋势相似。A、B 组在第 2 天出现第一个产气峰值，在 t=15d，迅速产气，分别在 28 d、24 d 达到产气高峰，分别为 1 280 mL、1 190 mL。产气高峰持续 3～4 d，出现了产气量急剧下降的趋势，一周之后，产气量分别下降为 400 mL、180 mL。D、E 组在第 4 天、第 3 天出现产气峰值，分别为 330 mL、290 mL。在 t=12 d，迅速产气，在第 14 天达到产气高峰，分别为 500 mL、360 mL。

另外从图 6-9 的产气曲线可以明显看到，实验组 A、B 较 D、E 曲线的第二个波峰出现较晚。由图 6-10 可知，各组实验结束时累积产气量分别为 9 834 mL、1 0274 mL、5 241 mL、3 193 mL。以累计产气量达到总产气量的 80%计，实验组 A～E 所需时间分别为 30 d、26 d、22 d、20 d。可以看出添加高比例马铃薯皮渣，累计产气量相应增加，但是产气速率相应下降。这是由马铃薯皮渣和牛粪自身的特点决定的。A、B 组马铃薯皮渣含量丰富，发酵开始时，皮渣中那些易降解的物质首先被微生物代谢分解，出现了第一个产气波峰；接着皮渣中那些难降解的物质如纤维素、木质素等开始降解，又出现了第二个产气波峰。但是马铃薯皮渣中难降解的木质素、纤维素的含量较多，因此产气高峰出现较晚。D、E 组添加了较高比例的牛粪，牛粪中的易分解的有机质能快速被甲烷菌分解，使其大量繁殖；同时牛粪中的纤维素分解细菌能快速分解马铃薯皮渣中的纤维素和木质素，加快马铃薯皮的发酵速度；加之牛粪中还含有部分甲烷菌，混合发酵后甲烷菌的数量增多，利于发酵的进行。因此牛粪的添加对于厌氧消化起到了促进作用，加快了产气高峰值的出现，在第 15 天产气速率达到最大值。实验组 B 即马铃薯皮渣与牛粪配比为 80∶20 时，累计产气量最多，这是因为马铃薯皮渣含量丰富，含有丰富的有机质，同时添加适量的牛粪，牛粪中含有高浓度微生物，会加速马铃薯皮渣及牛粪自身有机质的分解，因此不论是累计产气量还是产气速率都相应提高。以上结果表明添加较高比例的马铃薯皮渣进行发酵对累计产气量具有明显优势，而牛粪对于加快产气速率具有明显促进作用。

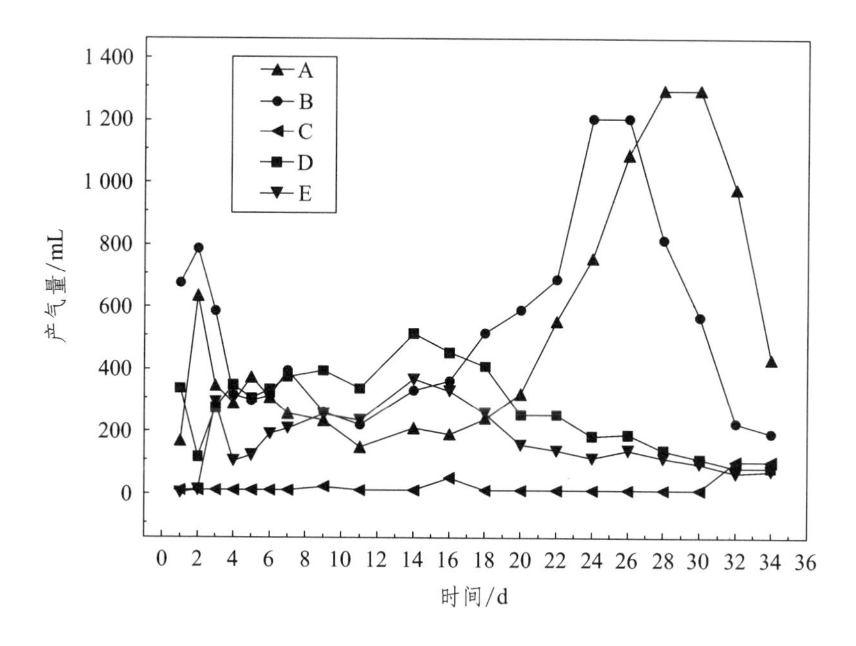

图 6-9　产气量随时间变化曲线

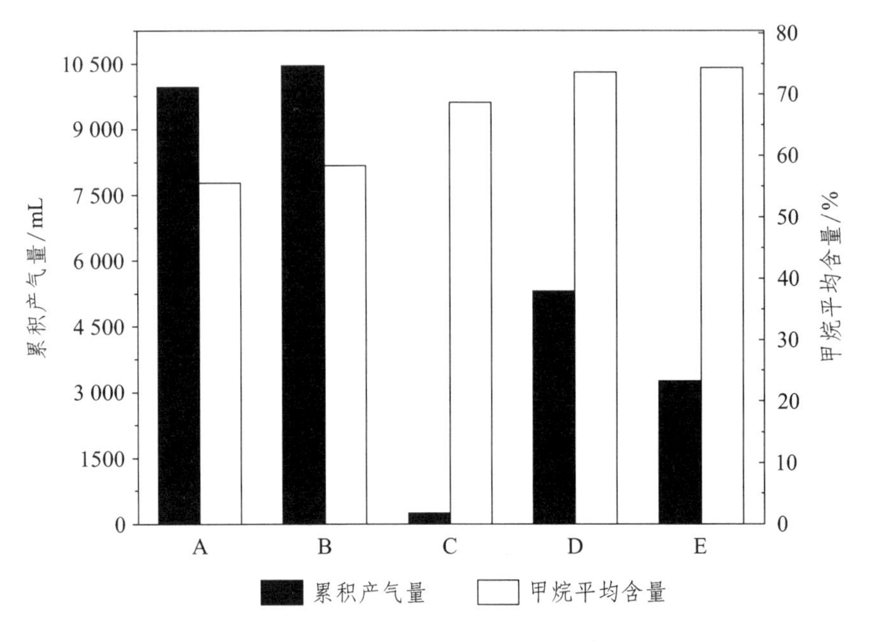

图 6-10 累积产气量及甲烷平均含量

图 6-11 反应的是沼气中甲烷含量随时间变化曲线。从图上可以看出实验组 A、B 在发酵初期，沼气中甲烷含量较低，一般为 40%～50%。发酵 15 天后，甲烷含量逐渐升高，直到第 24 天，甲烷含量达到 80%，反应后期一直维持在较高浓度水平，甚至可达到 85%。实验组 D、E 在发酵初期，沼气就表现出了很好的纯度。在发酵第 4 天，D、E 两组甲烷含量反别为 65%、84%。在之后 30 天的产期过程中，甲烷含量都较高（65～85%），在产气量达到峰值时，甲烷含量分别为 78%、70%。结合图 6-9 不难看出，实验组 A～D 发酵启动速度均较快，A、B 组初期产气量较大，但是甲烷含量较低，而 C、D 组初期沼气中甲烷含量较高，但产气量相对较少。这是因为虽然 A、B 组反应体系中牛粪含量较低，但是接种液即沼液中同样含有大量的厌氧微生物，能使接种物中的微生物很快适应环境进入活化状态。C、D 组反映体系含有高比例牛粪，提供了大量微生物，促进厌氧消化作用。

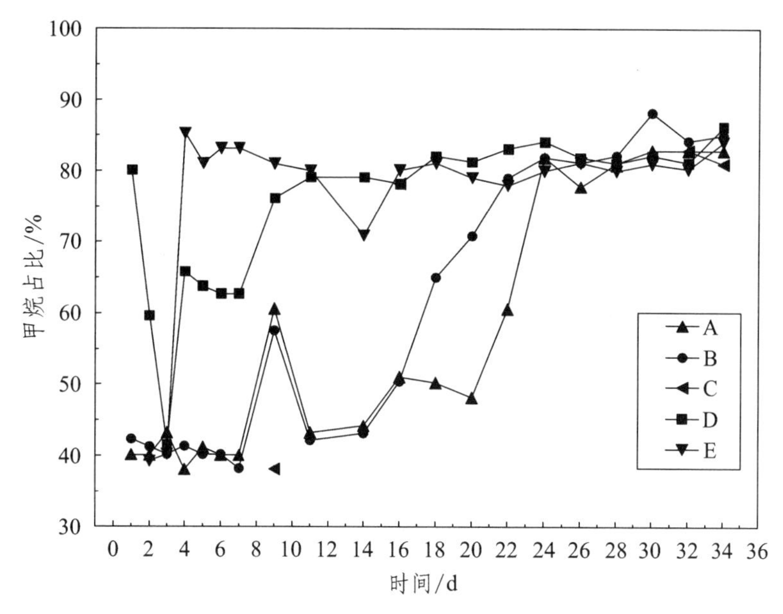

图 6-11 沼气中甲烷含量随时间变化曲线

2. 实验体系 pH 变化情况

图 6-12 反映的是各组反应体系中 pH 变化情况。pH 在厌氧发酵过程中是一个非常重要的参数，所反映的是物料中挥发性脂肪酸（乙酸、丙酸等）的浓度。从图上可以看出，E 组即马铃薯皮渣与牛粪物料比 0：100，反应体系的 pH 在厌氧发酵过程中变化不大，保持较稳定状态。在发酵初期，pH 先下降，到第 4 天，达到第一个峰谷，pH 为 7.3。在后期的发酵阶段，反应体系的 pH 稳定在 7.6 ~ 7.2。实验组 A ~ D，从图上可以明显看出，4 组 pH 变化曲线均在反应的 4 ~ 5 天 pH 由 7.3 ~ 7.5 下降到 6.2 ~ 6.7。实验组 A 即马铃薯皮渣与牛粪物料比为 100：0，pH 下降值最大。发酵 7 天之后，反应体系 pH 逐渐增大，直到反应第 34 天，pH 升为 8.3。而 D 组体系 pH 变化趋于一个最优的状态，pH 变化平缓，维持在 6.7 ~ 7.5。何光设等研究了在厌氧发酵过程中 pH 的数学模型，研究发现反应体系内 pH 主要受有机酸、NH_4^+和 HCO_3^- 、CO_3^{2-} 的影响。图 6-13 反应的是厌氧环境微生物代谢过程。在厌氧发酵过程中产酸菌、产氢菌、耗氢产酸菌和产甲烷菌起决定性作用。反应体系的 pH 值、发酵过程中这 4 类微生物之间相互依赖和制约的关系都会影响沼气产生。沼气发酵微生物最适宜的 pH 为 6.5 ~ 7.5，超出这一范围，微生物的代谢将减慢或产甲烷菌受抑制或死亡。根据厌氧发酵理论，挥发性脂肪酸的含量在发酵初期进行有机质的酸化过程，没有达到反应的平稳期，因此体系 pH 降低。到发酵

的第 25 ~ 30 天，反应体系 pH 稳定在 7.1 ~ 7.5。这和沼气中高浓度甲烷以及产气量高峰出现时期是一致的。都反映了在第 25 ~ 30 天反应体系达到稳态。

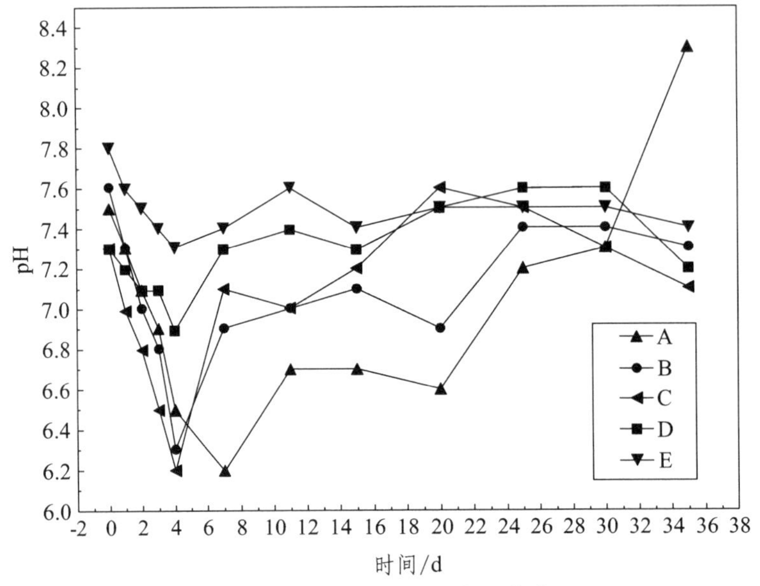

图 6-12　反应体系 pH 变化曲线

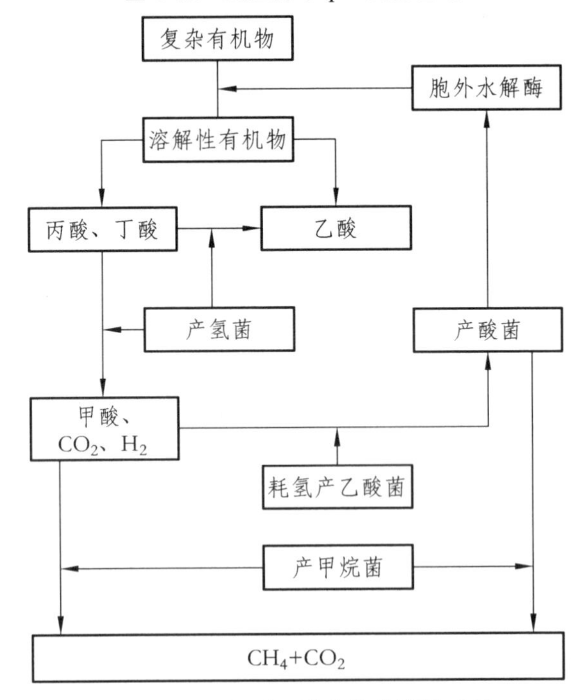

图 6-13　厌氧过程微生物代谢模式图

3. 实验物料 TS、VS 分析

通过测定各实验组和对照组发酵前后料液的 TS、VS、pH，可以确定料液中有机物的降解程度。由表 6-6 可知，实验组 A、B 发酵底物的料液 TS、VS 降低程度最大。TS 分解率分别为 33.48%、35.22%，D、E 组次之（23.02%、22.92%），C 组最小（15.63%）。这与之前各实验组的累计产气量具有关联性，即 TS、VS 利用率越大，累计产气量越多。这是和厌氧发酵中微生物新陈代谢要消耗有机物相关的。从原料有效利用与实际操作角度考虑，马铃薯皮渣与牛粪配比为 80∶20 时最适合发酵，此配比所得累计产气量最大，TS 有效利用率为 35.22%，产气率为 291.71 L/kg。

表 6-6　实验物料 TS、VS 分析

实验序号	发酵前			发酵后		
	TS/%	VS/%	pH	TS/%	VS/%	pH
A	15.29	65.23	7.5	10.17	48.61	8.3
B	14.28	60.17	7.6	9.25	40.35	7.3
C	13.31	55.44	7.3	11.23	43.45	7.2
D	13.03	53.85	7.3	10.03	38.89	7.1
E	12.78	52.67	7.8	9.85	37.12	7.4

四、结　论

比较了不同马铃薯皮渣与牛粪不同配比的厌氧发酵产气效果，通过分析产气速率、累计产气量、反应体系 pH 变化以及发酵前后实验物料的 TS、VS 变化情况，得出以下结论。

（1）各组产气情况大致可以分为发酵启动期、发酵盛产期和发酵终止期 3 个阶段。实验组 A、B、D、E 的产气量变化均为增加—降低—增加—降低的趋势。

（2）添加高比例马铃薯皮渣，累积产气量相应增加，但是产气速率相应下降。牛粪的添加对于提高产气速率及甲烷含量具有明显的优势。

（3）发酵的第 25 ~ 30 天，反应体系 pH 均稳定在 7.1 ~ 7.5，发酵过程达到稳态。

（4）增大马铃薯皮渣添加比例，可提高 TS、VS 利用率。马铃薯皮渣与牛粪配比为 80∶20 时最适合发酵，此配比所得累计产气量最大。

综上，马铃薯皮渣是一种较好的沼气发酵原料。添加合适比例的牛粪能够为发酵提供更丰富的菌群，使马铃薯皮渣利用程度更高，产气效果更好。

结束语

在中国这样一个人口大国，马铃薯主粮化战略意义重大，马铃薯产业在未来具备无穷潜力。当自己真正投入到马铃薯深加工研究工作中，才发现很多领域有待开发。无论是加工工艺、产品推广、标准化建设还是设备研发，许许多多的空白让大家在看到很多的研究成果后依然没有看到马铃薯产业的稳步发展。

回顾之前自己所参与的研究，冰山一角，涉及马铃薯全粉制备工艺，马铃薯全粉主粮加工工艺，马铃薯白酒酿造工艺、马铃薯皮渣资源化利用等等，研究范围广但不够深入、不够系统。未来的研究应该进行相应的调整，着眼于马铃薯产业中的一个分支，在深入研究之前规划出总体框架，在较为狭窄的领域进行一次全面、系统的研究，希望可以有所收获。

马铃薯深加工研究，任重道远。

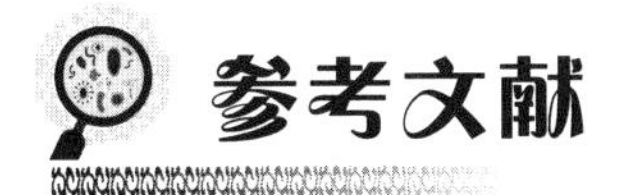

参考文献

[1] 郝琴，王金刚．马铃薯深加工系列产品生产工艺综述[J]．粮食与食品工业，2011（5）：12-15.

[2] 卢肖平．马铃薯主粮化战略的意义、瓶颈与政策建议[J]．华中农业大学学报，2015（3）：1-7.

[3] 贾艺悦，牟感恩．马铃薯营养健康功效的评价及其主粮化问题的思考[J]．食品科技，2018（7）：169-174.

[4] MAJI A K, PANDIT S, BANERJI P, et al. Pueraria tuberose: A review on its phytochemical and therapeutic potential[J]. Natural Products Research, 2014, 12 (6): 407-414.

[5] 童军茂，魏长庆，单春会．马铃薯全粉生产过程中的质量控制[J]．安徽农学通报，2006，12（6）：203-204.

[6] 吴卫国，谭兴和等．不同工艺和马铃薯品种对马铃薯颗粒全粉品质的影响[J]．中国粮油学报，2006，21（6）：95-98.

[7] 杨钠．马铃薯全粉面条加工和保险技术研究[D]．呼和浩特：内蒙古农业大学，2015.

[8] 周清贞．马铃薯全粉的制备及其应用的研究[D]．天津：天津科技大学，2010.

[9] 沈晓萍，卢晓黎等．工艺方法对马铃薯全粉品质的影响[J]．食品科学，2004，25（10）：108-111.

[10] 刘均．中国马铃薯工业现状及发展研究[J]．中国农业导报，2011，13（5）：13-18.

[11] YAMADA Y J, HOSOYA S O, Nishimura SGR, et al. Effect of bread containing resistant starch on postprandial blood glucose levels in human [J]. Bioscience, Biotechnology and Biochemistry, 2005, 69(3): 559-566.

[12] 杨晓露，产胞外多糖乳酸菌对馒头品质影响研究[D]．河南：河南工业大学．2014.

[13] LAMPIGNANO V, LAVERSE J, MASTROMATTEO M, et al. Microstructure, textural and sensorial properties of durum wheat bread as affected by yeast

content [J]. Food Research International, 2013, 50: 369-376.

[14] PANICHNUMSIN P, NOPHARATANA A, AHRING B, et al. Production of methane by co-digestion of cassava pulp with various concentrations of pig manure [J]. Biomass Bioenergy, 2010, 34: 1117-1124.

[15] 陈金发，廖茂芪，周家兴，等. 紫茎泽兰茎秆厌氧发酵产甲烷[J]. 环境工程，2013：153-157.

[16] 孙传伯，李云，廖梓良，等. 马铃薯皮渣沼气发酵潜力的研究[J]. 现代农业科技，2008，2：8.